기본 피부관리 실습

Practice of Basic Skin Care

현경화

머리말
PREFACE

최근 바쁘게 살아가는 현대인들에게 삶의 질적 향상에 대한 욕구가 커지면서 여성들의 경제 활동이 증가하고, 시대적인 변화에 따라 미(美)에 관한 욕구가 부각되면서 피부산업이 빠르게 성장하고 있다. 이에 피부미용이 전문성 있는 세분화 직업으로 분류되었고, 우리나라에서는 미용사(피부)라는 국가공인 피부미용사 자격검정을 실시하고 있다.

본 교재는 피부미용을 과학적인 학문으로 정립해야 하는 시점임을 감안하여 체계적으로 이론을 정립하고 저자의 경험과 지식을 최대로 수록하여 초보자도 쉽게 따라할 수 있도록 구성하였다.

본 교재의 구성은 피부미용의 역사부터 피부분석, 피부상담, 클렌징, 얼굴관리 등 피부미용사에게 꼭 필요한 내용만을 구체적이며 실질적인 자료로 간단하게 정리하였다. 동작 순서 및 테크닉은 사진을 붙이고, 그림도 그리면서 본인이 직접 정리할 수 있는 장점이 있으며 관리 시 준비사항, 딥 클렌징, 팩과 마스크 등의 적용법은 상세하게 설명하였다.

부디 이 교재가 미용예술계열 학생들과 미용사(피부) 국가자격검정시험을 준비하시는 분들에게 도움이 되길 바라며, 미비한 점들은 계속 수정·보완해 나갈 것을 다짐한다.

끝으로 출판을 하는데 도움을 주신 도서출판 구민사 조규백 사장님과 김효섭 차장님, 그리고 관계자 여러분께 감사의 말씀을 올린다.

저자 씀

차 례

CONTENTS

CHAPTER 01 피부미용 개론

1 피부미용관리의 정의

1) 정의

고객의 피부 유형을 분석방법에 의한 분석결과를 토대로 하여 적합한 화장품을 선택하고 피부상태에 따라 화장품을 사용하고 손과 기기를 활용하여 건강하고 아름다운 피부로 가꾸고 관리하기 위한 행위를 피부미용관리라 한다.

2) 피부미용관리사

피부미용관리사는 고객의 피부 상태를 파악하여 과학적·합리적으로 개선하고 유지 및 관리하기 위하여 피부미용관리에 대한 정확한 이론적 이해와 실기적 능력을 갖춘 전문인으로서 확실한 직업관을 지녀야 한다.

3) 피부미용사의 직무 정의

피부미용사는 고객의 얼굴과 전신을 대상으로 질병이 아닌 피부를 미용상 관찰하고, 화장품, 천연재료, 기기, 기구 등을 사용하여 피부 상태에 따라 적합한 피부미용관리서비스를 제공한다.

4) 업무 범위

① 얼굴 피부미용관리
② 전신 피부미용관리
③ 특수 피부미용관리

5) 피부미용관리사의 위생상태

① 손톱의 길이와 손톱 주변의 정리상태 점검
② 손의 상처 또는 손의 위생상태 점검
③ 구취 또는 체취 점검
④ 머리 형태와 복장의 위생상태 점검

6) 관리실의 위생상태

① 관리실의 실내 공기를 자주 환기시킨다.
② 상담실과 응접실의 환경이 청결하고 위생적이어야 한다.
③ 주방의 환경은 음식냄새가 나서는 안되며, 배수구가 위생적으로 관리되어야 한다.
④ 화장실은 냄새가 나지 않도록 청소를 수시로 하여 위생적으로 관리해야 한다.
⑤ 라커룸은 수시로 청소하여 먼지와 곤충들이 기생하지 않도록 관리한다.
⑥ 관리 시 사용되는 물품과 제품들은 사용 전과 후 항상 닦고, 소독하여 정리한다.
⑦ 관리 시 사용되는 해면과 타월 등은 항상 소독하여 사용하여야 한다.
⑧ 관리실 바닥은 이물질이 남아있지 않아야 하며, 관리 후 항상 정리와 주변의 청소가 되어 있어야 한다.
⑨ 창 커튼은 정기적으로 세탁을 해야 하며, 창틀이나 환기구에는 먼지가 없도록 해야 한다.
⑩ 세탁실 세탁조의 청소와 세탁물의 관리가 위생적으로 이루어져야 한다.
⑪ 샤워실의 벽면과 바닥, 세면대와 욕조는 고객이 사용 후 다음 고객을 위하여 위생적으로 청소하여 관리한다.

⑫ 제품실의 제품은 항상 사용 시와 사용 후, 용기 외부와 입구를 청결하게 관리를 하여야 한다.

7) 관리실 환경

① 상담실과 관리실은 편안한 분위기의 색으로 인테리어가 되어 있어야 한다.
② 관리실의 색상은 원색보다는 안정적이고 밝은 파스텔 톤의 색상을 선택하도록 한다.
③ 상담실과 관리실은 위생적이어야 한다.
④ 냉·난방 환기시설이 설비되어야 한다.
⑤ 냉·온수시설이 갖춰져야 한다.
⑥ 바닥의 재질은 청소가 쉬운 재질로 하되 미끄럽지 않으며 소리가 나지 않는 재질로 한다.
⑦ 고객을 위한 탈의실 및 물품 보관실이 별도로 구비되어야 한다.
⑧ 직원들이 쉴 수 있는 공간과 기기 및 제품을 보관할 공간이 있어야 한다.

8) 관리사의 자세

① 고객을 대하는 표정은 밝고 자세는 친절해야 한다.
② 짙은 화장과 짙은 향수는 피한다.
③ 전문지식과 기술 습득을 위한 노력을 한다.
④ 상담 시 고객의 의견을 충분히 경청하며, 고객의 요구를 정확하게 파악하는 태도가 필요하다.
⑤ 제품에 대한 지식이 있어야 한다.
⑥ 관리실에서 잡담은 피한다.
⑦ 발소리는 나지 않도록 조심한다.
⑧ 반지, 팔찌, 시계 등 관리 시 불필요한 물건들은 착용하지 않는다.
⑨ 상담 시, 고객과의 대화 시 조용하고 차분한 목소리로 고객과의 눈높이를 맞춘다.
⑩ 사적인 상담과 다른 사람을 비판하는 행동은 하지 않는다.
⑪ 전화상담 시 예절바르고 정확하게 고객과의 의사소통이 되어야 한다.
⑫ 고객의 시간을 중요하게 생각하며, 예약시간을 준수한다.
⑬ 미용관련 교육, 세미나를 통해 최신 정보를 습득하여 고객에게 만족을 줄 수 있어야 한다.

⑭ 관리 시 고객과 20~30cm 정도 거리를 유지할 수 있도록 한다.
⑮ 관리 시 고객에게 최대의 관심을 기울여 불편함이 없도록 한다.

9) 기구, 기기, 비품 관리하기

① 피부미용기구와 기기는 종류에 따라 소독하는 방법을 습득하여 소독 보관할 수 있어야 한다.
② 전기를 이용하는 기기의 경우 스위치를 사용 후 항상 전원을 끄고 코드를 빼놓는다.
③ 기구 및 비품은 사용 후 소독하여 제자리에 배치하여 다음 사용 시 불편함이 없어야 한다.
④ 온장고의 경우 사용 후 전원을 끄고 문을 열어 두어 습하지 않도록 한다.
⑤ 코드와 전선 등을 수시로 닦아 먼지가 앉지 않도록 한다.
⑥ 사용되는 물품과 새로 구입해야 할 물품들을 체크하여 정리하여야 한다.
⑦ 제품을 관리할 장소는 직사광선을 피하고 온도가 높지 않은 곳에서 보관 관리하여야 한다.
⑧ 다양한 종류의 기기와 사용되는 도구 등은 사전 점검 및 정리정돈을 잘 해놓아야 한다.

10) 피부관리사가 되기 위한 기초지식

① 피부미용학
② 해부생리학
③ 피부과학학
④ 공중위생관리학
⑤ 피부미용경영학
⑥ 화장품학
⑦ 피부관리기기학
⑧ 각종 테라피
⑨ 한방미용학

요점정리

피부미용의 정의

기구·비품은 어떻게 관리해야 하나요?

피부미용사가 되기 위한 기초적인 교과과목은?

피부미용관리사의 업무 영역은?

피부미용관리사의 직업의식의 중요성은?

피부미용관리사의 위생이란?

관리실의 위생 상태의 중요성은?

피부미용관리실의 어떤 환경이 고객에게 만족을 줄 수 있을까요?

관리사의 자세는 어떤 것이 정석일까요?

2 미용의 역사

1) 고대 이집트 시대

고대 이집트하면 가장 먼저 떠오르는 유물은 피라미드와 미라이다. 미라를 보존하기 위해 향유가 사용되었던 것은 널리 알려진 사실이다. 이외에도 머리 염색제, 퍼머제, 헤어 오일 등이 사용되었으며 목욕용 물품도 사용되었던 것으로 기록되고 있다.

고대 이집트는 더운 기후로 인해 목욕품과 향유가 발달했으며, 목욕 문화가 처음 시작된 것으로 추측된다. 목욕용 기름은 올리브유와 같은 천연 기름을, 피부에는 붉은 색의 헤나(Henna) 염료와 이끼에서 추출한 보랏빛 리트머스(Litmus) 등을 사용하였다. 또한 백납을 이용하여 미백을 하였고 염색에는 헤나, 인디고 염료 등을, 눈 화장에는 코올(Kohl)을 사용하였다. 고대 이집트에서는 화장품을 판매하는 상점도 있었던 것으로 추측되며, 이 상점에서는 향수, 향료, 약용식물, 송진, 염료, 기름, 연고 등의 화장 제품과 빗, 거울, 핀, 면도기 등의 미용도구 등을 판매했다.

2) 그리스 시대

건강한 신체에 건강한 정신이 있다고 믿은 그리스인들은 건강한 신체를 위해 정기적인 식이요법과 운동을 행했다. 의학의 아버지 히포크라테스가 식이요법, 마사지, 운동, 햇빛, 목욕 등의 조화로 아름다움을 얻을 수 있다고 주장한 데서 그리스 시대에도 아름다움에 대한 관심이 높았음을 알 수 있다. 그리스 여인들의 화장술은 고대 이집트 여인들보다 발전하여 더 정교했으며 탄산납인 백연, 석고, 백묵 등으로 미백을 하였고 식물성 또는 광물성 붉은색 분을 흰색과 섞어 볼연지로 사용하였다. 남자들은 목욕 후 마사지를 하였고 머리에 기름과 향유 등을 발랐다.

3) 로마 시대

로마 시대에 갈레노스라는 이집트 화장품의 기록이 체계화 되었으며, 바르면 시원해지는 콜드 크림의 시초라고 할 수 있는 크림을 만들어 시판하기도 하였다. 로마 시대에는 목욕 문화가 특히 발달하여 공중목욕탕이 사교의 장으로 이용되기도 하였다. 이 시대의 미인상으로는 흰색 피부를 가진 사람들을 선호하여 얼굴에 납이 함유된 백연을 분으로 사용하였다. 그러나 백연의 과도한 사용으로 얼굴색이 변색되고 치아가 검어지는 등의 부작용이 나타나기도 했다. 안티몬 또는 사프란으로 눈을 검게 화장하였으며, 볼은 아르칸나나 연단으로 붉게, 머리카락은 금발로 염색하였다.

4) 중 세

중세는 과학에 있어서 암흑기라고 한다. 이는 기독교의 지배로 금욕적인 믿음 이외 모든 것을 죄악시하였기 때문이다. 이러한 시대적 배경에 따라 화장 문화와 기술도 영향을 받아 화장하는 행위를 엄격히 제한하고 금지하였다. 로마 시대까지 번성하던 목욕 문화도 제한을 받아 이 시대를 '목욕하지 않은 천년'이라고 표현하기도 한다.

그러나 이 시대에도 인간의 아름다움을 추구하는 본능에는 변함이 없어 흰색 피부를 선호했으며, 흑색 또는 흑갈색으로 머리와 눈썹을 장식하였다.

5) 르네상스 시대

십자군 전쟁으로 동양의 문물이 서양으로 유입되면서 회교도의 화장풍습도 전해지기 시작하여 여성들의 화장에 대한 관심이 증가하였다. 특히 동양으로부터 유입된 향료와 색소가 화장품의 원료로 사용되기 시작하면서 화장 문화가 부흥하였으며, 알코올 증류법의 개발로 화장수와 같은 화장품이 등장하기 시작하였다.

15세기에는 머리를 뒤로 모아 쪽을 찌고 눈썹을 가늘게 하는 것과 루즈와 분을 사용하는 것이 유행하였다. 루즈로는 붉은색 황토나 진사가, 분으로는 흰 납에 수은과 흰 분꽃을 섞은 것이 사용되었다. 1573년 영국에서 처음으로 향수가 제조되어 누구나 향수를 사용할 수 있게 되었다.

6) 근 대

19세기 산업혁명과 더불어 화학분야도 급속한 발전을 하면서 화장품 성분과 제조 기술이 개선되었다. 특히 미백 원료로 사용되던 백납의 부작용을 없애기 위해 백납이 산화아연으로 대체되면서 안전한 분이 공급되었다.

근대에 들어서면서 진한 화장은 연극이나 무대 분장으로 한정되었다. 일반 여성들이 다시 청결과 위생을 중요하게 여겨 목욕이 보편화 되면서 세정용 비누의 사용이 일반화 되었으며, 크림과 로션이 공급되었다. 또한 미용실에서는 과산화수소를 사용하여 머리카락을 탈색하였으며, 헤나와 합성염료를 사용한 염색도 성행하였다.

7) 현 대

1901년 마사지 크림이 처음으로 개발되었으며, 영국의 네스러는 금속막대를 이용하는 파마 방법을 개발하였고, 1907년 브렉 회사는 샴푸를 생산하기 시작하였다. 이외에도 1908년 색깔 있는 손톱렉커, 1930년대 후반 자외선 차단제 등이 개발되었고 가열하지 않는 골드 파파법, 헤어스프레이, 탈취제 등 현대에 들어서면서 화장품 분야에 많은 변화와 함께 많은 발전이 있었다.

8) 우리나라의 화장품 역사

우리나라 화장 역사의 시작에 대한 정확한 기록은 찾을 수 없으나, 단군신화에서 환웅이 곰과 호랑이에게 쑥과 마늘을 먹게 하고 햇빛을 보지 못하게 한 것은 인간의 피부를 만들기 위한 것으로 생각할 수 있다. 이는 민간요법에서 쑥을 달인 물에 목욕하면 피부가 건강해지고 희게 되며, 마늘을 짓이겨서 꿀에 섞어 바르면 미백효과가 있다고 알려진 것과 햇빛을 보지 못하면 피부가 하얗게 되는 것과 관련이 있다.

또한 고조선 시대 만수지방 사람들은 겨울에 돈지를 몸에 발라 추위를 예방했다는 기록이 있다. 이것은 돈지를 이용하여 피부에 유분을 공급하고 동상을 예방하고자 하는 차원이었을 것이다. 이 외에도 낙랑시대 고분에서 출토된 그림의 여인들이 눈썹화장을 하고 있는 것 등을 통해 우리나라에서도 화장의 역사가 오래되었음을 알 수 있다.

삼국시대의 화장은 고분 벽화에 등장하는 여인의 모습에서 유추할 수 있다. 삼국 중에서 신라의 화장술이 가장 발달했으며, 백제는 분만 발랐고 고구려 고분인 쌍영총에서 발견된 벽화에 등장하는 여인에서 볼 수 있듯이 고구려인들은 볼연지 화장을 하였다. 특히 신라의 경우 연지로 볼과 입술 화장을 하였으며, 굴참나무나 너도밤나무의 재를 기름에 개어 만든 미묵을 이용하여 눈썹을 그렸다.

▲ 쌍영총 벽화

서긍의 「고려도경」에는 고려 귀부인의 화장에 대하여 '향유 바르기를 좋아하지 않고 분을 바르되 연지를 즐겨 바르지 않았다. 눈썹은 크게 그리고, 검은 비단으로 만든 너울을 쓰고, 감람빛깔의 넓은 허리띠를 두르고 채색한 끈에 금방울을 달고, 비단 향낭을 여럿 찼는데, 향낭을 여러 개 패용할수록 자랑스럽게 여겼다'고 기술하고 있다.

이는 고려 시대의 화장술을 정확하게 표현하였다고 할 수 있다. 그리고 일부 계층에 한정된 풍속이기는 하지만 신체와 머리카락, 옷에 향료를 뿌리거나 발랐다는 기록도 남아있다.

조선시대에는 백분, 연지, 머릿기름, 밀기름, 향수, 미안수 등의 화장품을 사용했으며, 개화기 이후 청나라로부터 크림, 백분, 향수 등이 수입되면서 포장과 사용법이 간편하여 재래화장품의 사용이 줄어들기 시작하였다. 1922년 우리나라 관허 제1호인 박가분이 등장하면서 서가분, 장가분, 미용백분, 설화분 등이 제조 판매되었다.

1945년 광복 이후 화장품의 기능은 콜드 크림, 바니싱 크림, 백분, 머릿기름, 포마드, 헤어토닉, 콜드 파머약, 향수 등으로 세분화 되었다. 이후 1950년대 가내수공업 시대를 거쳐 산업화가 본격화 되면서 1960년대에는 안정성이, 1970년대에서는 사용성이, 1980년대에는 안전성이, 1990년대에는 유효성이, 2000년대에는 기능성이 주요 과제로 떠오르며 우리나라 화장품 산업의 발전을 주도하였다.

▲ 박가분

CHAPTER 02 피부미용의 역사

1 고대 이집트 시대

이집트 여인들은 피부미용 재료로 올리브유, 아몬드유, 양모기름, 계란 노른자, 우유, 꿀 등을 사용하였고, 클레오파트라의 미용법으로 당나귀 젖과 진흙을 이용한 목욕 방법은 오늘날까지 알려져 있다.

2 그리스 시대

4세기 경 히포크라테스는 건강한 아름다움을 위해 미용식, 일광욕, 특수목욕, 마사지 등을 권하였다. 따라서 운동을 통해 규칙적인 신체관리를 하였고 목욕, 식이요법, 운동, 마사지 등을 일상화하였으며 마사지는 치유와 진통, 완화의 주요 방편으로 사용되었다.

3 로마 시대

① 스팀 미용법, 한증 목욕법
② 오일과 향수, 화장이 생활의 필수품으로 사용

③ 로마 여인들은 염소젖, 레몬과 오렌지즙 옥수수와 밀가루, 우유, 신선한 버터를 혼합한 밀가루 등 사용

④ **갈렌**(Garen A.D. 130~200) : 화장품 제조에 관한 처방전도 남겼다. 콜드크림의 원형인 시원해지는 연고(cream refrigerans)를 제조하는 업적을 남겼다.

4 중 세

약초스팀을 위한 처방으로 보리수 꽃(linden), 샐비어(salvia), 로즈메리(rosemarin), 회향(fennel) 등 사용

5 르네상스 시대

① 향수를 많이 사용하여 향수산업이 발달했으며, 화장수를 사용하여 세안을 하였다.

② 화장수는 알코올과 약초추출물, 꿀, 우유 등을 혼합하여 만들었다.

③ 16세기 프랑스 학자 몽테뉴의 저서에는 크림과 팩의 처방에 관한 내용이 많이 실렸다.

6 바로크 시대

독일의 의사 훗페란드(1762~1836)는 젊음과 숙면을 위해 massage할 것을 권장하였고 cleansing cream을 제조하여 피부에 사용하였으며 체조, 운동의 필요성을 역설하였다.

7 로코코 시대

당시 피부를 촉촉하게 하기 위한 처방을 보면 레몬즙과 신선한 계란 흰자를 사용하였다.

8 근 세

① 19세기 화장은 여성만의 전유물로서 위생과 청결이 중요시 되었고 비누의 사용이 보편화

② 1866년 산화아연을 만들어냄으로써 백납분을 사용하지 않게 되었다.

9 현 대

1901년에 마사지 크림이 개발되었고, 폴란드의 화학자 풍크(Funk, Casimir 1884~1967)에 의해 생화학, 생약학, 생리학 등을 기초로 한 피부미용 관리가 발전하는 계기가 되었다.

10 우리나라 피부미용

① **선사시대** : 읍루인 들은 돈고를 사용하여 피부의 동상 및 거칠음 예방

② **통일신라** : 실면도, 쌀 곡식분말식물성 기름을 사용하여 부드럽고 윤기 있는 피부 관리

③ **고려시대** : 목욕과 향의 발달, 면약 사용

④ **조선시대** : 야채즙을 이용한 화장수 사용과 꿀과 곡물을 이용

요점정리

고대 이집트의 미용방법은?

근세와 현대의 미용의 특징은?

우리나라 피부미용의 역사는?

르네상스 미용의 특징은?

로코코와 차이점은?

이집트 미용의 특징은?

미용사(피부) 국가 자격 취득을 위한 정보

1) 국가 공인 피부미용사란?

국가기술 미용기능사에서 미용(피부)에 속하는 피부미용사는 정부(노동부)에서 시행하는 국가기술 자격증을 취득한 자로서 얼굴 및 전신의 피부를 건강하고 아름답게 유지, 보호, 개선 관리하기 위하여 여러 가지 기기와 제품, 수기요법 등을 사용하여 피부미용 업무를 수행하는 사람을 말한다.

2) 미용사(피부) 자격 제도 신설 배경 및 필요성

피부미용 업무는 공중위생 분야로서 국민의 건강과 직결되어 있는 중요한 분야이므로 제도권역에서 관리를 하는 차원으로 신설된 국가기술자격 미용사(피부)이다. 이미 국가의 산업 구조가 서비스 산업의 활성화로 화장품 판매 및 생산, 의료서비스관광, 뷰티관광과 함께 또 하나의 산업으로 발전하여 그 수요가 증대되고 있다.

3) 피부미용사 시험 제도

① **검정 기준**
건강한 피부를 대상으로 고객의 피부 타입과 유형을 분석하여 고객카드를 작성하고 이에 맞는 물리·화학적 방법을 이용하여 올바른 피부 관리 업무 수행을 위해 기획, 관리할 수 있는 능력의 유무를 검정한다.

② **시행** : 한국산업인력공단

③ **검정기준** : 노동부

④ **응시자격** : 제한없음

⑤ **시험과목**
㉠ 필기시험 : 피부미용학, 피부학, 해부생리학, 피부 미용기기학, 화장품학, 공중위생관리학
㉡ 실기시험 : 얼굴관리, 전신관리(팔, 다리 제모), 림프드레나쥐

⑥ **합격기준**
㉠ 필기시험 : 선다형 이론시험으로 총 60문제, 60점 이상 합격
㉡ 실기시험 : 작업형으로 60점 이상 합격

⑦ **실기시험을 위한 수험자 자세**
㉠ 고객(시험 감독관) 대기 및 안내 : 고객접점 순간의 고객을 맞는 자세 및 관리사 복장, 표정, 위생상태 등은 첫 인상의 상당부분을 결정한다. 그러므로 시험 감독관과의 대기 및 안내에 있어서도 올바른 자세, 밝은 표정, 시험규정에 맞는 정갈한 복장과 모델의 준비사항 등 준비를 철저히 갖추고 예의 바르게 감독관을 대한다.
㉡ 수험자의 자세 : 기본적으로 위생이 그 첫 번째이며 시험에 의거 기본적인 재료세팅, 수험자로서 시험의 준비에 완벽한 준비사항, 복장을 단정히 하고, 화장품의 사용에 있어 위생과

청결에 항상 주의하고 모델이 불편함을 느끼지 않고 피부관리를 받을 수 있게 세심한 배려가 있어야 하겠다. 세부적인 사항으로 밝은 표정, 흰색의 청결하고 잘 다려진 피부관리사 가운 착용 및 장신구 등에 유의한다.

ⓒ 수험시의 모델 이미지 : 시험규정에 맞게 모델에게 화장을 하여야 하며 눈썹을 미리 정리하지 않은 상태에서 모델 가운과 모델 겉가운을 입히고 고객용 슬리퍼를 신게 한다.

ⓓ 마무리 : 시험이 모두 끝나면 마지막까지 시험 감독관에 대한 예의를 갖추고, 작업 공간, 피부 관리 도구, 화장품, 사용 후 남은 것들에 대하여 깨끗하고 위생적으로 정리한다.

4) 수험자 지참 공구목록

자격종목 : 미용사(피부)

일련 번호	지참공구명	규 격	단위	수 량	비 고
1	위생복	상의 반팔 가운, 하의 긴 바지	벌	1	
2	실내화	흰색	켤레	1	실내화만 허용
3	마스크	흰색	개	1	
4	대형 타월	100×180cm	장	2	베드용, 모델용
5	중형 타월	65×130cm	장	1	
6	소형 타월	35×80cm	장	5장 이상	습포, 건포용
7	헤어터번(터번)	벨크로(찍찍이)형	개	1	분홍색 또는 흰색
8	여성모델용 가운 및 겉가운	밴드(고무줄, 벨크로)형 일반형(겉가운)	벌	1	분홍색 또는 흰색
9	남성모델용 옷	박스형 반바지&T-셔츠	벌	1	하의 - 베이지 또는 남색 상의 - 흰색
10	모델용 슬리퍼		켤레	1	
11	필기도구	볼펜	자루	1	검은색 또는 청색
12	알코올 및 분무기		개	1	필요량
13	일반솜		봉	1	탈지면, 필요량
14	비닐봉지, 비닐팩		장	각 1	쓰레기처리용, 습포보관용(두터운 비닐팩)
15	미용솜		통	1	화장솜
16	면봉		봉	1	필요량
17	티슈		통	1	필요량

일련 번호	지참공구명	규 격	단위	수 량	비 고
18	붓		개	2	클렌징, 팩용
19	해면		세트	1	필요량
20	스파튤라		개	3	클렌징, 팩용
21	보울(bowl)		개	3	클렌징, 팩 등
22	가위		개	1	눈썹정리, 제모
23	족집게		개	1	눈썹정리, 제모
24	브러시		개	1	눈썹정리, 제모
25	눈썹칼		개	1	눈썹정리
26	거즈		장	1	
27	아이패트		개	2	거즈, 화장솜 가능
28	나무스파튤라		개	1	제모용
29	부직포	7×20cm	장	1	제모용
30	장갑	라텍스	켤레	1	제모용
31	종이컵	100ml	개	1	제모용
32	보관통	컵형	개	2	스파튤라, 붓 등
33	보관통	뚜껑달린 통	개	2	알코올 솜 등
34	해면볼	소형	개	1	
35	바구니		개	2	정리용 사각
36	트레이(쟁반)	소형	개	1	습포용
37	효소		개	1	파우더형
38	고마쥐		개	1	크림형 또는 젤형
39	AHA	함량 10% 이하	개	1	액체형
40	스크럽제		개	1	크림형 또는 젤형
41	팩	크림타입	set	1	정상, 건성, 지성
42	스킨토너(화장수)		개	1	모든 피부용
43	크림, 오일	매뉴얼 테크닉용	개	1	모든 피부용
44	탈컴 파우더		개	1	제모용
45	진정로션 혹은 젤		개	1	제모용
46	영양크림		개	1	모든 피부용
47	아이 및 립크림		개	1	모든 피부용(공용사용 가능)

일련 번호	지참공구명	규 격	단위	수 량	비 고
48	포인트 메이크업 리무버	아이, 립	개	1	모든 피부용
49	클렌징 제품	얼굴 등	개	1	모든 피부용
50	고무볼	중형	개	1	마스크용
51	석고마스크	파우더타입	개	1	1인 사용량
52	고무모델링마스크	파우더타입	개	1	1인 사용량
53	베이스크림	크림타입	개	1	석고 마스크용
54	모델		명	1	

※ 타월류의 경우는 비슷한 크기이면 무방합니다.
※ 기타 필요한 재료의 지참은 가능합니다.
※ 팩과 마스크, 딥클렌징용 제품을 제외한 다른 모든 화장품은 모든 피부용을 지참하십시오.
※ 바구니의 경우 왜건크기보다 크면 사용할 수 없습니다.
※ 부직포는 지정된 길이에 맞게 미리 잘라서 오시면 됩니다.
※ 재료에 관련된 자세한 사항은 홈페이지(www.hrdkorea.or.kr) 공지사항 및 FAQ 안내사항, 큐넷(www.q-net.or.kr)의 자료실에서 수험자 지참재료목록 등을 참고로 하십시오.

CHAPTER 03 피부분석(skin analysis)의 목적 및 효과

1 피부분석

피부분석을 위한 방법은 견진법, 촉진법, 문진법의 3가지의 방법을 사용하며, 이러한 방법을 통하여 피부의 탄력도, 피부의 색소침착, 피부의 조직상태, 피지분비, 피부의 민감도, 모공형태 등 피부의 외적인 상태를 파악할 수 있다.

1) 견진법

눈으로 관찰하여 판별하는 방법으로 확대경을 이용하기도 한다. 눈으로 보아서 피부의 외관 상태를 분석하는 방법으로 모공의 형태, 건조 상태, 모세혈관의 확장정도, 홍반, 주름, 색소 침착, 피부의 외관상의 문제점들을 기기 또는 육안으로 파악할 수 있다.

2) 촉진법

손의 촉감을 통하여 피부의 상태를 파악하는 방법으로 피부를 만져보고, 눌러보아서 판별하는 방법이다. 피부의 탄력감, 피부의 예민도, 피부의 매끄러움, 피부의 촉촉함과 피부 유분의 정도를 파악할 수 있다.

3) 문진법

고객과의 대화를 통하여 고객의 성명, 연령, 직업, 환경, 병력, 화장품의 사용방법, 피부 관리 습관, 피부의 문제점, 건강상태, 성격, 약 복용, 일광의 노출시간 정도 등 고객관리 시 필요한 사항을 기록하여 관리의 효율을 높이는데 중요한 방법에 속한다.

고객의 직업, 식생활 습관, 기호식품, 생활환경 등 피부와 관련되는 지식을 바탕으로 고객의 피부 문제를 파악할 수 있다.

2 견진법에 의한 피부분석 방법

1) 정상피부(Normal Skin)

① **이마** : 살결이 잘 정돈되어 있다.
② **콧망울 부위** : 그다지 크지 않다.
③ **눈꼬리 부위** : 합당한 주름이 있다.
④ **코 옆부분 뺨** : 크지 않고 살결도 곱다.
⑤ **눈밑 볼 부위** : 건강한 혈색을 띠며 모세혈관이 나타나지 않는다.
⑥ **T-zone** : 약간의 유분기가 있어 윤기가 있다.

2) 지성피부(Oily Skin)

① **이마** : 거칠다. 기름기가 많다.
② **콧망울** : 모공이 크고 블랙헤드(black head)가 있다.
③ **눈꼬리** : 나이에 비해 주름이 적다.
④ **코 옆부분 뺨** : 모공이 열려 있고 살결이 거칠고 기름기가 있다.
⑤ **눈밑 볼** : 살결은 보통이고 기름기 적다.
⑥ **T-zone** : 기름과 땀이 많다.

3) 건성피부(Dry skin)

① **이마** : 중성피부와 같다.
② **콧망울** : 중성 피부와 같다.
③ **눈꼬리 부위** : 나이에 비해 주름이 많다.
④ **코 옆부분 볼** : 살결이 가늘고 곱다.
⑤ **눈밑 볼** : 하얀 가루를 뿌려 놓은 듯 각질이 조금 있다.
⑥ T-zone : 유분기가 없다.

3 피부 상태에 따른 분석방법

① 각질화 상태
② 모공 확장 상태
③ 수분 상태
④ 유분 상태
⑤ 탄력 상태
⑥ 혈액순환 상태
⑦ 예민 상태
⑧ 자외선 민감도

요점정리

피부분석의 목적은?

피부분석 중 견진이란?

피부분석 방법 중 문진이란?

피부분석 방법 중 촉진이란?

피부분석 방법 중 견진과 문진의 차이점은?

피부분석 방법 중 촉진과 견진의 특징은?

CHAPTER 04 피부 상담(Counseling)

1 상담(counseling)

① 상담은 대화를 통해서 이루어지는 기술로 가장 중요한 것은 대화의 방법이며 그 외에 여러 가지 조건이 갖추어져야 한다.

② 상담에서 갖추어야 할 조건
- 고객의 의견 경청
- 고객의 견해 파악
- 이해와 관심의 전달
- 관리실의 프로그램을 이용한 해결책을 제시하여 설득
- 대화의 조건

2 상담 목적(object of counseling)

① 고객의 방문 목적을 확인한다.
- 일반적인 피부미용관리 목적
- 피부의 미용적인 문제를 해결하기 위한 목적
- 정신적 이완 및 스트레스 해소를 위한 상담 목적
- 자신의 피부에 맞는 화장품 구매 및 상담 목적

② 피부상태 및 피부생리 환경조건을 분석하여 피부의 문제점과 원인을 파악한다.
③ 피부미용관리 계획을 세우고 피부 문제의 원인을 해결할 수 있는 방법 모색
④ 고객에게 시술할 피부미용관리 방법과 사용 화장품의 특징 및 목적 설명

3 상담 효과(effect of counseling)

① 피부미용관리의 필요성을 인식하게 된다.
② 피부의 문제를 파악하여 효율적인 관리계획을 세울 수 있다.
③ 전문적인 관리방법을 제시할 수 있다.
④ 피부미용관리의 조언이 가능하다.
⑤ 고객의 신뢰감과 만족감을 높여준다.
⑥ 심리적인 안정감을 유도한다.

4 피부분석표 작성 및 관리계획 세우기

① 고객에 대한 신상카드 작성과 피부분석을 통한 피부미용관리 계획을 위해 다음과 같은 피부상태를 관찰하고 판단하여 적합한 방법으로 관리계획서를 작성한다.

② **관리 계획서 작성 내용**

- 고객 신상기록
- 피부상태
- 건강상태
- 식생활
- 심리적인 요소
- 홈 케어
- 관리계획 및 관리기록서 작성(Treatment Record)

피부관리 계획하기

1. 고객의 피부상태를 고려하여 적합한 피부 관리 제품을 결정할 수 있다.
2. 고객의 피부상태를 고려하여 적합한 피부 관리기기를 결정할 수 있다.
3. 피부 관리 과정을 설명하면서 고객에게 적합한 관리 계획을 세울 수 있다.

고객카드 작성하기

1. 고객카드에 개인의 일반적인 신상, 건강상태, 방문동기와 방문 목적 등을 기록한다.
2. 육안으로 보여지는 피부의 상태들을 상세하게 표시한다.
3. 고객의 성격유형과 피부의 유형을 잘 파악하여 피부 관리 계획을 세워야 한다.

홈케어 조언하기

1. 주 1회, 주 2회 혹은 2주에 1회 등의 관리를 받는 것으로 피부개선의 효율적인 결과를 얻는 데에는 시간소요가 많으므로 홈 케어의 중요도에 관한 상세한 설명을 할 수 있다.
2. 집에서 일상적으로 사용하는 제품을 선정하고 정확한 사용법을 설명할 수 있다.
3. 음식과 기호식품 및 수면 등의 피부개선을 돕는 일상적인 생활습관에 관한 조언을 할 수 있다.

요점정리

피부관리에서 상담의 중요성은?

상담에서 갖추어야 할 조건은?

상담의 효과는?

상담 후 피부분석을 하는 이유는?

관리 계획을 세우는 이유는?

상담자의 자세는?

CHAPTER 05 피부 유형별 특성 분석(classification of skin type)

1 Normal skin(정상 피부)

① 피부분비기능 정상
② 모공크기 정상
③ 살결이 부드럽다.
④ 피부색 정상
⑤ 적당한 탄성

2 Dry skin(건성 피부)

① 분비기능 저하로 건조(피지, 땀 분비)
② dehydrated skin(탈수 건조피부)
③ oily dry skin(유분부족 건조피부)
④ 눈 주위 잔주름
⑤ 외기에 대한 저항력 약화
⑥ 기미, 주근깨 발생

3 Aging Skin(노화피부)

① 피부건조
② 잔주름, 표정주름
③ 잡티, 기미, 주근깨, 검버섯 생성
④ 나이에 따른 자연노화는 개선이 다소 어렵다.
⑤ 예방적 관리가 중요하다.
⑥ 외적 요인(환경적 요인, 음식, 흡연, 잘못된 생활습관)
⑦ 내적 요인(내장질환, 변비, 생리불순 등)

4 Oily skin(지성 피부)

① 피지 과잉분비로 인한 모공의 더러움
② 피부 번들거림
③ 오렌지 피부
④ 화장이 잘 지워진다.
⑤ 여드름 발생요인
⑥ 모공 확장

5 Acne skin(여드름 피부)

① oily skin과 비슷하다.
② 염증성·비염증성 여드름, 사춘기에 심하다.
③ 모공 확장
④ 오렌지 피부
⑤ 2차성 색소침착, 흉터, 잡티

6 Telangiectasia skin, Couperose(모세혈관 확장 피부)

① 표피 가까이 모세혈관 파열 및 확장
② 피부가 얇다.
③ 피부가 당긴다.
④ 피부가 예민한 상태
⑤ 기온 차이에 따른 피부색 변화
⑥ 알레르기 발현
⑦ 기미, 잔주름, 건조

7 Combination skin(복합 피부)

① T-zone 부위는 지성으로 피지분비 과다
② 모공확장
③ black head(흑색여드름) 형성
④ 뺨 부위는 건성으로 과각화현상에 의한 건조
⑤ 화장이 잘 안되며 잔주름이 있다.

8 Sensitive Skin(민감 피부)

① 피부조직 섬세하고 투명
② 환경변화에 예민하다.
③ 모공이 크지 않다.
④ 피지분비량이 고르지 못한 복합성 피부
⑤ 모세혈관이 표면에 나타나 있다.
⑥ 화장품에 민감한 반응
⑦ 피부건조, 잔주름(눈가, 이마 등)
⑧ 색소침착 현상이 나타난다.

실습하기

• 지성 피부사진

• 특징

• 여드름 피부사진

• 특징

• 모세혈관 피부사진

• 특징

• 지성 피부사진

• 특징

• 건성 피부사진

• 특징

• 노화 피부사진

• 특징

• 복합성 피부사진

• 특징

• 민감성 피부사진

• 특징

• 정상 피부사진

• 특징

CHAPTER 06 피부 유형별 화장품 사용방법

1 화장품 사용의 목적 및 효과

손동작 시 피부와의 마찰을 최소화하여 자극을 완화시키며 화장품의 유효성분을 침투시키는 것이다.

2 피부 유형별 화장품 종류 및 선택

1) 기초관리세정 제품(cleansing)

① 클렌징 크림(cleansing cream)
② 클렌징 밀크(cleansing milk)
③ 클렌징 오일(cleansing oil)
④ 클렌징 워터(cleansing water)
⑤ 클렌징 젤(cleansing gel)
⑥ 클렌징 폼(cleansing foam)
⑦ 비누(soap)

2) 피부정돈 제품(Skin lotion 화장수)

① 유연 화장수(skin fresher, toner)
② 수렴 화장수(astringent)
③ 영양 화장수(collagen 첨가)
④ 소염 화장수(calamine lotion)

3) exfoliate 각질제거 제품

① scrub exfoliate(스크럽)
② gommage(고마쥐)
③ 효소(enzyme)
④ A.H.A(Alpa Hydroxy Acid)

4) 제모(Depilation and Epilation)

cool wax, warm wax 제품

실습하기

• 세정제품의 종류

• 특징

• 화장수의 종류

• 특징

• 각질제거제의 종류

• 특징

• A.H.A

• 특징

• 효소제품

• 특징

• 스크럽 사진

• 특징

• 고마쥐 제품

• 특징

• 그 외 필링제품들

• 특징

3 피부유형별 관리방법

피부 타입은 개인에 따라 특유의 특성이 있어 피부 관리 방법도 다르다. 정확한 피부 분석이 끝나면 피부유형에 따른 화장품 사용 및 관리 방법을 알아본다.

1) 정상 피부(Normal skin)

① **특징** : 피부분비기능 정상, 모공크기 정상, 살결이 부드럽다, 피부색 정상, 적당한 탄성

② **관리법** : 가장 이상적인 피부상태이다.

㉠ 색조화장 지우기

㉡ 피부유형에 합당한 제품 선택, 클렌징 동작을 실행한다.

㉢ 유연화장수로 피부 정리

㉣ 상태에 따른 딥클렌징 제품 사용 또는 desincrustation(전기기기를 이용한 딥 클렌징)

㉤ essence 침투 후 영양크림(massage cream) 또는 마사지용 크림으로 매뉴얼 테크닉 시술

㉥ 피부 관리 효과를 높일 수 있는 기기 사용(석션, 고주파, 저주파 등)

㉦ 피부에 맞는 pack 사용

㉧ 마무리(스킨로션 → 에센스 → 아이크림 → 데이 또는 나이트크림 → 자외선 차단제)

2) 건성 피부(Dry skin)

① **특징** : 분비기능 저하로 건조(피지, 땀 분비), dehydrated skin, oily dry skin, 눈 주위 잔주름, 외기에 대한 저항력 약화, 기미·주근깨 발생

② **관리법** : 과다한 일광욕, 바람, 잘못된 영양섭취, 수분섭취 부족, 알코올 함유 스킨 사용, 냉난방, 잦은 비누사용 등에 유의 요함

㉠ 색조화장 지우기

㉡ 클렌징 밀크 또는 오일 타입 도포 후 클렌징 동작 실행

㉢ 보습효과 화장수

㉣ 각질제거 필요시 enzyme exfoliate 이용(steamer 사용)

㉤ 수분, 유분 보충 ampoule 침투, 영양크림으로 매뉴얼 테크닉(massage) 관리

㉥ 기기 iontophoresis 적용, suction massage, 초음파, 고주파 등

㉦ 피부상태에 따른(수분, 유분보충) pack, eye treatment

㉧ 마무리(스킨로션 → 에센스 → 아이크림 → 데이 또는 나이트크림 → 자외선 차단제)

(1) 표피 건성피부(superficial Dehyrated skin)

① **특징** : 건성피부와 거의 유사, 피부조직이 건성피부와 같이 얇아 보이지 않음. 피부 당김이 건성보다 심하다. 진피건성으로 진행시 급격한 피부 처짐 현상이 나타난다.

② **관리법** : 표피 건성피부는 내적 요인보다 외적 요인에 기인한다. 심한 냉난방, 겨울철 심한 바람, 한·냉 등의 요인에 의한다. 관리법은 건성 피부와 같다.

(2) 진피 건성피부(Deep Dehyrated skin)

① **특징** : 피부표면 거칠음, 피부 당김이 심하다, 피부 처짐, 굵은 주름, 색소침착(검버섯, 기미) 등 전체적인 노화현상이 나타난다.

② **관리법** : 진피 건성피부는 피부 자체의 수분 공급기능 이상에서 나타나는 내적 원인이므로 외적으로 수분공급은 효과가 약하다. 노화현상을 가져오는 심한 다이어트에 의해 진피 콜라겐 섬유조직 파괴, 영양결핍 현상으로 운동과 영양 관리를 함께 병행하면서 외적 관리를 한다. 방법은 건성피부 관리법으로 한다.

(3) 노화피부(Mature skin)

① **특징** : 피부건조, 잔주름, 표정주름, 잡티, 기미, 주근깨, 검버섯 생성, 나이에 따른 자연노화는 개선이 다소 어렵다. 따라서 예방적 관리가 중요하다. 외적 요인(환경적 요인, 음식, 흡연, 잘못된 생활습관)과 내적 요인(내장질환, 변비, 생리불순 등)이 있다.

② **관리법** : 광노화 예방을 위한 화장품 사용을 습관화 한다. 정기적인 피부 관리로 혈액순환을 원활히하고 적당한 운동, 음식을 통한 영양관리, 정신적 건강관리를 위한 건전한 활동을 한다.

㉠ 색조화장 지우기

㉡ 클렌징 크림 또는 오일 도포(steamer 사용) 후 클렌징 매뉴얼 테크닉

㉢ 보습물질을 함유한 화장수로 피부 정리

㉣ 각질제거 exfoliate(enzyme(효소), scrub(스크럽))

㉤ 보습, 탄성성분 함유 essence 혹은 ampoule 도포

㉥ 영양크림으로 매뉴얼 테크닉(massage)

㉦ lifting 관리

㉧ 탄력 팩 또는 영양 팩 도포

㉨ 마무리(스킨로션 → 에센스 → 아이크림 → 데이 또는 나이트크림 → 자외선 차단제)

3) 지성피부(Oily skin)

① **특징** : 피지 과잉분비로 모공의 더러움, 피부 번들거림, 오렌지 피부, 화장이 잘 지워짐, 여드름 발생 요인, 모공확장의 피부를 나타낸다.

② **관리법** : 피지분비 과잉으로 잦은 세안을 통해 청결 유지, 수분보충에 유의하고 세안이 지나치면 보호막 유지가 어려워 세균 침투에 주의, deep cleansing으로 모공세정

㉠ cleansing cream이나 oil cleansing(deep cleansing, 전기 세정)으로 클렌징 시술

㉡ 알코올 함유 화장수(소독효과)

㉢ 딥 클렌징, 각질제거 exfoliate(enzyme or scrub)

㉣ 한방을 이용한 쑥 steam

㉤ 피지 제거(필요에 따라)

㉥ 지성피부용 크림으로 관리, suction massage, machine lymph massage

㉦ 피지제거용 팩 도포

㉧ 마무리(수렴화장수 → 수분에센스 → 아이크림 → 지성용 크림 → 자외선 차단제)

(1) 지방성 지루 피부(oleosa)

① **특징** : 항상 기름기가 흐른다. T-zone 부위에 노란색의 피지 분비, 모공이 크고 천연 피지막 파괴로 감염이 잘 됨. 면포, 구진, 농포를 형성한다.
보습도와 탄력성은 양호하다.

② **관리법** : 지성피부 관리법과 같으며 특히 피지분비 기능 억제, 소독, 염증 억제, 수렴관리를 한다.

(2) 건조 지성피부(sicca)

① **특징** : 머리, 얼굴에 각질이나 인설이 보이며 피지의 과잉분비로 모공은 크고 번들거림이 없다. 과각화 현상(Hyperkeratosis)으로 모공이 막혀 면포 형성, 투명도 감소, 민감하다.

② **관리법** : 특히 피지 과잉분비 억제, 소독, 수분공급, 혈액순환 증진, 수렴관리를 한다.

4) 여드름 피부(Acne skin)

① **특징** : 지성피부와 비슷하다. 염증성, 비염증성 여드름, 사춘기에 심하고 모공 확장으로 오렌지 피부, 2차성 색소침착, 흉터, 잡티를 나타낸다.

② **관리법** : 피부질환의 일종이므로 심한 경우 피부과 전문의에 의뢰한다. 흑색면포, 백색면포는 각질제거와 압출을 통하여 쉽게 제거한다. 자극적인 관리방법 보다는 수분공급, 진정관리가 필요하다. suction massage, steamer, desincrustation, machine lymph massage.

㉠ acne 전용 클렌징 제품 도포 후 클렌징 테크닉 시술

㉡ 여드름전용 화장수(소독효과, 피지제거)로 피부 정리

㉢ 상태에 따라 각질제거와 딥 클렌징 선택(자극을 주지 않도록 효소 각질제거제 활용 도포 시술)

㉣ 스팀을 이용 모공을 이완, 오존 스티머를 이용한 소독

㉤ 피지 제거(적외선, 자외선, 고주파 관리, 석션 흡입)

㉥ 여드름 ampoule, 여드름전용 크림 사용, 림프 마사지, 맨손 마사지, 쟈켓 마사지(상태에 따라 실시)

㉦ 진정효과와 피지제거 팩 사용(수분보충에 유의)

ⓞ 마무리(수렴화장수→ 아이크림 → 여드름 부위 사용 special cream 도포→ 자외선 차단제)

5) 모세혈관확장 피부, 쿠퍼로즈(Telangiectasia skin)

① **특징** : 표피 가까이 모세혈관 파열 및 확장, 피부가 얇다. 민감 피부 상태, 기온 차에 따른 피부색 변화, 알레르기 발현, 기미, 잔주름, 건조하다.

② **관리법** : 물리적 자극을 피해야 하므로 강한 관리법은 절대 금한다.

㉠ 민감 피부용 화장품으로 클렌징 밀크 또는 클렌징 젤 도포 후 테크닉 시술

㉡ 민감용 유연화장수 사용 피부 정리

㉢ 딥 클렌징, exlifoliate(효소) 필요시 사용

㉣ 저자극성 크림으로 가볍게 마사지, 또는 lymph drainage. high frequency (고주파)를 이용한 진정 마사지

㉤ 진정 팩 도포

㉥ 마무리(진정 화장수, → 아이크림 → 저자극성 크림 소량→ 자외선 차단제)

6) 복합성 피부(Combination skin)

① **특징** : T-zone 부위는 지성으로 피지분비 과다, 모공확장, black head 형성, U-zone 부위는 건성으로 과각화 현상에 의한 건조하다.

② **관리법** : 복합성 피부이므로 부위에 따라 다르게 관리한다.

㉠ 클렌징 선택은 지성부위를 먼저 한 뒤 건조, 민감 부위를 한다(클렌징 오일 또는 밀크타입 도포).

㉡ 스킨로션은 지성부위와 건성부위를 다르게 사용한다.

㉢ exfoliate는 부분적으로 시술한다(scrub, enzyme, desincrustation).

㉣ T-zone 부위 피지제거, 불순물제거를 위한 1차 팩을 시도할 수 있다.

㉤ massage 전에 ampoule을 도포하거나 iontopresis를 할 수 있다.

㉥ pack은 부위별로 다르게 적용한다(지성 팩과 수분 팩 적용).

㉦ 마무리(토너정리 → 아이크림 피부 → 부위별 합당한 에센스 또는 크림 → 자외선 차단제)

7) 민감 피부(Sensitive Skin)

① **특징** : 모세혈관이 표면에 드러남, 약품이나 화장품에 민감한 반응, 붉은 피부, 피부건조, 잔주름(눈가, 이마 등), 색소침착 현상이 나타남.

② **관리법** : 민감 피부는 심리적·정신적 요인이 크다. 자극에 대한 저항력이 약하므로 세심한 관리를 요함, 자극을 줄일 수 있는 관리법

㉠ 진정위주 관리로 클렌징은 밀크나 오일 타입의 자극이 없는 제품 사용

㉡ 스킨로션은 free Alcohol(후리 알코올) 제품 도포

㉢ 딥 클렌징은 부분적 각질제거(enzyme 사용, 크림타입 각질제거제)

㉣ 뜨거운 스팀을 피하고 lucas에 에센셜 오일과 증류수를 섞어 분무

㉤ 진정 보습앰플 침투 후 민감용 영양크림+에센셜 오일로 부드러운 마사지

㉥ 진정 수분공급 팩 도포

㉦ 마무리(토너정리 → 아이크림 → 에센스 → 민감용 day 크림 → 자외선 차단제)

피부관리 방법

1) 건성 피부

• 관리방법

2) 건성 피부

• 관리방법

3) 건성 피부

• 관리방법

1) 지성 피부

• 관리방법

2) 지성 피부

• 관리방법

3) 지성 피부

• 관리방법

1) 복합성 피부

• 관리방법

2) 복합성 피부

• 관리방법

3) 복합성 피부

• 관리방법

1) 민감성 피부

• 관리방법

2) 민감성 피부

• 관리방법

3) 민감성 피부

• 관리방법

1) 여드름 피부

• 관리방법

2) 여드름 피부

• 관리방법

3) 여드름 피부

• 관리방법

1) 모세혈관 확장 피부

• 관리방법

2) 모세혈관 확장 피부

• 관리방법

3) 모세혈관 확장 피부

• 관리방법

CHAPTER 07 피부미용관리를 위한 준비

1 Bed 준비 상태

① 위생적으로 세탁된 침대시트, 담요, 타월, 터번 등의 물품으로 준비해 놓는다.
② 계절에 따라 침대의 온도를 조절해 놓는다.
③ 침대시트는 일회용 시트지 또는 타월을 1인 1회 용도로 사용한다.
④ 담요는 계절에 따라 소재를 선택하고 실내 온도에 따라 두께를 조절한다.
⑤ 피부미용관리 시 사용할 타월은 위생적인 면 소재를 사용한다.

2 준비대(Trolley)의 상태

피부미용관리 시 사용되는 화장품 및 기타 도구들을 사용하기 편리하도록 정리하여 둔다.

1) 화장품(Cosmetic)

피부 형태 및 관리목적에 따라 전문 화장품을 준비한다.

2) 화장솜(Cotton)

화장수 사용, 부분 화장 제거, 노폐물 제거, 아이패드 대용 등으로 사용되며, 용도에 따라 사용하기에 편리한 크기로 만들어 촉촉한 상태로 사용한다.

3) 티슈(Tissue)

화장품의 유성성분 제거와 관리과정에서 필요에 따라 사용되며, 가급적 향과 색상이 없고 부드러운 것을 사용한다.

4) 면봉(Cotton ball)

부분 화장 제거, 국소도포, 피지압출 등에 사용되며, 사용목적에 따라 나무와 플라스틱 스틱을 구분하여 사용한다.

5) 해면(Sponge)

세정단계, 마스크 또는 팩의 후처리 과정에 사용되며 부드러운 질감의 소재를 사용하고 위생적으로 관리한다.

6) 해면 볼(Sponge bowl)

해면과 한손이 움직일 수 있는 적당한 크기로 사용하기 편리한 형태가 좋으며, 사용 후에는 세제로 깨끗하게 세척하여 건조 후 소독한다.

7) 팩, 마스크 용기(Pack, Mask bowl)

고무 볼 종류는 석고, 고무 마스크 종류를 사용할 때, 유리 볼은 일반적인 팩을 섞어 사용하거나 덜어서 사용할 때 쓰인다.

8) 스파튤라(Spatula)

마스크, 크림 팩 등의 도포에서 제품이 손에 직접 닿지 않도록 사용되는 도구로서 사용 후 세척하여 건조 후 소독한다.

9) 브러시(Brush)

팩 도포에 사용되며 부드러운 질감의 소재를 사용하고, 사용 후 세척하여 건조 후 소독한다.

10) 거즈(Gauze)

마스크, 팩 등의 도포에 사용되며 오염되지 않도록 주의한다.

11) 가위(Scissors)

벨벳, 거즈, 화장 솜 등의 절단에 사용되며 오염되지 않도록 주의한다.

12) 생리식염수(Saline)

관리 시 이물질이 눈에 들어갔을 경우 사용한다.

13) 증류수(Distilled water)

제품의 희석에 사용한다.

14) 휴지통(Waste)

관리과정에서 나오는 쓰레기를 임시로 버릴 수 있게 관리사 주변에 가깝게 배치하고 관리 후 깨끗하고 위생적으로 정리한다.

15) 고객관리차트(chart)

처음 방문 시 문진에 의한 기록과 피부분석에 의한 피부형태, 관리과정 등을 상세히 기록하여 관리의 효과를 높이며 고객의 관리내역을 관리 후 빠짐없이 기록하여 고객의 예약 일정과 필요한 사항을 기록한다.

16) 나무주걱

왁스를 피부 위에 도포할 때 사용이 된다.

17) 알코올

기구 소독, 손 소독에 사용한다.

18) 위생용기

뚜껑이 있어 수분 또는 알코올이 증발하지 못하도록 한다.

Trolley의 준비상태

• 1주

• 베드와 관리자의 상태

• 2주

• 3주

• 4주

• 5주

• 6주

• 7주

• 8주

• 9주

• 10주

• 11주

• 12주

• 13주

• 14주

• 15주

• 15주 교육과정 중 준비상태의 중요성

분류번호	1201010203_14v2	능력단위 명칭	얼굴관리
능력단위 정의	얼굴 클렌징 후 얼굴형태에 따른 눈썹정리, 피부유형에 맞는 딥클렌징, 피부유형과 부위에 맞는 매뉴얼테크닉을 하고 영양물질 도포, 팩·마스크를 실시한 후 마무리할 수 있는 능력이다.		

얼굴관리 시 고려 사항

- 이 능력단위는 얼굴을 클렌징 한 후 얼굴형태에 따른 눈썹정리, 피부유형에 맞는 딥클렌징, 피부유형과 부위에 맞는 매뉴얼테크닉, 영양물질 도포, 팩·마스크를 실시한 후 마무리를 수행하는 직무에 적용한다.
- 이 능력단위를 수행하는 피부관리실은 위생적이면서도 편안하고 아늑해야 하고 통풍이 잘되는 환기시설, 냉·온수가 나오는 상하수도 시설, 소음이 들리지 않는 방음시설, 청소하기 좋은 바닥 재질, 물품 수납 공간 및 관리실, 간접조명 등이 구비되어 있어야 한다.
- 이 능력단위의 미용기기, 사용기구, 사용용품은 관련법규에 따라 위생적으로 처리 후 사용하거나 관리하는 것을 말한다.
- 이 능력단위는 피부 유형과 피부부위에 적합한 클렌징 방법과 클렌징 제품에 따라 클렌징을 적용한다.

- 이 능력단위에서 눈썹정리란 미용가위, 눈썹칼, 족집게, 브러쉬를 통하여 정리함을 포함한다.
- 이 능력단위에서 딥클렌징은 물리적, 화학적 방법으로 또는 미용기를 피부타입, 부위에 따라 적용한다.
- 이 능력단위의 매뉴얼테크닉은 쓸어서 펴바르기, 밀착하여 펴바르기, 어루만져 펴바르기, 토닥토닥 펴바르기, 떨면서 펴바르기 등 5가지 방법을 적용한다.
- 이 능력단위의 영양물질 도포는 피부유형에 맞는 영양물질을 선택하고 원하는 부위에 도포 및 흡수시킬 수 있는 관리를 말한다.
- 이 능력단위 중 피부유형에 맞는 팩 종류의 선택 시는 팩·마스크 도포 방향, 팩·마스크 도포 후의 형태, 팩·마스크 제거동작 등을 고려하여 선택한다.
- 이 능력단위는 토닉으로 피부 정리를 하고 피부유형에 맞는 기초 화장품류를 선택하여 흡수시키고 자외선 차단제를 사용하여 마무리 적용할 수 있다.

얼굴관리 능력

- 메이크업 잔여물을 철저하게 제거할 수 있는 능력
- 고객이 편안하고 안정될 수 있는 분위기 조성 능력
- 재료의 온도를 적절하게 조절하는 능력
- 고객에게 조용히 묻고, 정확히 관찰하고, 촉감으로 피부를 관찰할 수 있는 능력
- 위생 상태(위생복, 마스크, 손톱, 손 소독)
- 각질제거 방법(효소, 고마쥐, 스크럽, AHA)
- 모든 과정을 철저하게 위생적으로 시행하는 능력
- 눈썹 정리 전 소독 능력
- 얼굴형에 어울리는 눈썹 형태 파악 능력
- 잔털 제거 능력
- 매뉴얼 테크닉의 리듬, 세기, 속도감 파악 능력
- 피부유형에 맞는 매뉴얼 테크닉 방법별 수행 능력
- 매뉴얼 테크닉 할 때의 주위 환경 파악 능력
- 매뉴얼 테크닉동작의 밀착감 파악 능력
- 매뉴얼 테크닉을 해서는 안 될 피부상태 파악 능력
- 다양한 매뉴얼 테크닉 구사 능력
- 피부유형에 맞는 팩 · 마스크 종류의 선택 능력
- 팩 · 마스크 도포 및 제거 능력
- 관리 마무리 능력(토닉, 기초화장품류, 영양물질, 자외선 차단제 등)

관리시 준비사항

메이크업 잔여물을 철저하게 제거할 수 있는 방법은?

고객이 편안하고 안정될 수 있는 분위기 조성은?

고객에게 조용히 묻고, 정확히 관찰하고, 촉감으로 피부를 관찰해야 하는 이유는?

위생상태(위생복, 마스크, 손톱, 손, 소독)는 어떻게 되어 있어야 하는가?

재료의 온도를 적절하게 조절해야 하는 이유와 방법은?

매뉴얼 테크닉을 해서는 안 될 피부상태 파악 능력

매뉴얼 테크닉동작의 밀착감이란?

매뉴얼 테크닉의 리듬, 세기, 속도의 중요성은?

얼굴형에 어울리는 눈썹의 형태는?

모든 과정을 철저하게 위생적으로 시행하려면 어떻게 해야 하는가?

관리 후 마무리가 왜 중요한가?

CHAPTER 08

클렌징(Cleansing)

분류번호	1201010203_14v2.1	능력단위 명칭	얼굴 클렌징하기
능력단위 정의	1.1 얼굴피부유형별 상태에 따라 클렌징 방법과 제품을 선택할 수 있다. 1.2 눈, 입술 순서로 포인트 메이크업을 클렌징할 수 있다. 1.3 얼굴피부유형에 맞는 제품과 테크닉으로 클렌징하고 할 수 있다. 1.4 온습포 또는 경우에 따라 냉습포로 닦아내고 토닉으로 정리할 수 있다.		

1 클렌징의 목적 및 효과

① 클렌징의 목적은 피부표면의 더러움을 제거하여 청결함과 건강하고 아름다운 피부를 유지하는 데 목적을 둔다.

② 피부유형에 따라 클렌징 방법과 클렌저를 선택하여 피부에 자극적이지 않도록 하며 다음 단계의 관리에 효과적이 되도록 한다.

2 클렌징 제품

1) 클렌징 크림(cleansing cream)

크림형태로 지성피부, 두꺼운 화장 시 유분의 더러움을 제거하는 데 우수하나 유분이 피부에 남을 수 있으므로 이중세안을 요한다.

2) 클렌징 로션(cleansing milk)

로션 타입 일명 밀크타입이라고도 하며 유분의 더러움보다 수분형태의 더러움(건성피부)을 제거하기에 적당하다.

3) 클렌징 워터(cleansing water)

물의 형태로 일반적으로 포인트 메이크업을 지울 때 사용하는 화장수 형태이다.

4) 클렌징 젤(cleansing gel)

오일 성분이 없는 점액질 수성원료로 자극이 적고 산뜻한 느낌을 주지만 세정력은 다소 떨어진다.

5) 클렌징 오일(cleansing oil)

피부 자극 없이 사용할 수 있어 노화피부나 예민 피부, 건성피부(수분부족)에 적당하며 눈 화장이나 입술화장 제거에도 좋다.

6) 폼 클렌징(cleansing foam)

비누와 유사한 알칼리성 타입의 클렌징 폼은 기포가 많이 생성되고 세정력이 좋고 사용 후 피부 당김 현상이 없다.

7) 비누(soap)

알칼리성으로 세정력이 지나쳐 피부 보호막을 제거하여 피부를 건조하고 거칠게 한다.

3 클렌징 시술

① 클렌징의 목적에 따라 부위를 선택하여 시행한다.
② 클렌징의 범위는 얼굴, 목, 가슴 부위이다.
③ **사용되는 도구** : 클렌저, 티슈, 해면, 온습포, 화장솜, 토너

색조화장(point make-up, 부분 화장) 지우기
① 클렌징 크림 펴바르기
② 클렌징 매뉴얼 테크닉(manual technique)
③ 티슈 사용
④ 해면(sponge) 또는 온습포

4 화장수(토너) 사용방법

화장수는 클렌징, 마사지, 팩 후 나머지 잔여물을 제거하여 피부를 청결하게 하고 다음 단계를 받아들일 준비를 하기 위해 사용되며, 각질층에 약간의 수분공급과 피부 pH에 관여한다.

CHAPTER 09 딥 클렌징(Deep Cleansing)

분류번호	1201010203_14v2.3	능력단위 명칭	얼굴 딥클렌징하기
능력단위 정의	1. 딥클렌징 제품과 피부미용기기에 관한 지식 2. 위생과 소독에 관한 지식 3. 피부의 구조와 생리에 관한 지식 4. 화장품에 관한 지식		

① 피부 유형에 적합한 제품을 선택하여 제품의 특성에 따라 적용한다.

② **사용되는 도구 및 기기** : 스티머, 화장솜 토너, 물리적 필링제, 화학적 필링제, 해면, 냉 · 온 타월

③ 피부미용관리에서의 딥클렌징의 목적은 죽은 세포 제거와 모공청소를 하는 것으로 새 세포의 형성을 정상화시키고, 피부에 바르는 화장품의 유효한 물질의 침투와 피부의 각화 현상을 정상화시켜 관리의 효과를 높여주는 단계이다.

④ 사용방법은 제품의 특성에 맞게 사용되어야 하며 특히 피부 형태에 따른 사용방법에 주의하여야 한다.

⑤ 딥클렌징의 단계는 물리적 방법과 화학적 방법이 있으며, 피부 형태와 제품의 특성을 정확하게 분석하고 습득하여 피부관리사가 관리한다.

⑥ 사용화장품은 스크럽, 효소, 고마쥐, AHA 종류와 엑스폴리앙뜨(exfoliant)로 명시된 제품류 등이 있다.

1 물리적 방법

동식물성 각질분해 효소를 함유하고 있는 제품들과 알갱이를 함유한 제품들이 사용된다. 이러한 제품은 특성에 따라 도포 후 완전히 마르지 않은 상태에서 손가락의 지두부분을 이용하여 근육 결대로 밀어주어 죽은 세포를 제거하는 방법과 알갱이를 문질러 줌으로써 각질탈락을 유도하는 방법으로 물리적인 압을 이용하는 방법에 속한다.

1) 고마쥐(Gommage)

고마쥐 타입은 각질을 제거할 부위에 얇게 펴 바른 후 고무처럼 탄성 있게 마르면 한손으로 피부를 고정시키고 다른 손으로 때를 밀어내듯 근육 결 방향으로 문지른다. 강한 관리에 속하며 예민 피부나, 건성피부는 자제한다.

2) 스크럽(Scrub)

미세한 알갱이가 함유된 오일이나, 크림타입의 필링제로 얼굴에 바른 후 손을 이용하여 가볍게 문지르는 방법으로 각질을 제거하여 피부를 매끄럽게 하는 방법이다.

2 화학적 방법

효소와 산의 성분을 이용하여 각질의 분해 작용을 하는 것으로 제품의 특성에 따라 도포 후 닦아내는 방법과 거품을 내어서 사용하기도 한다.

1) 효소(Enzyme)

각질을 녹여내는 단백질의 분해 효소가 함유된 화학적인 필링제로 주로 분말과 크림형태로 되어 있다.

2) AHA(Alphy-Hydroxy-Acid)

AHA가 8% 이하 함유된 저농도의 각질제거제로 일반적으로 겔의 형태로 되어 있다. 피부에 성분이 남지 않도록 후처리가 중요하다.

3 딥클렌징(deep cleansing) 주의사항

① 눈 주위와 입 주위는 피한다.
② 특히 예민한 볼과 콧등의 부분은 주의한다.
③ 얼굴의 근육 결대로 문지른다.
④ 자극이 강하면 오히려 피부에 역효과를 준다.
⑤ 화농성 피부, 자외선에 의한 선번현상, 모세혈관이 확장된 피부는 주의를 요한다.

CHAPTER 10 습포(Compress) 사용법

습포란 젖은 상태의 타월을 말하며 온습포와 냉습포 그리고 관리과정에 필요한 마른 타월이 있다.

1 온습포의 작용

① 클렌징 크림과 한선에서 분비된 노폐물을 제거한다.
② 피지선에서 분비된 피지, 화장품 잔여물을 제거한다.
③ 온습포의 온도로 모공을 확장시키고 노화각질을 제거한다.
④ 혈액순환 촉진, 피지선을 자극한다.

2 냉습포의 작용

① 모공을 수축, 피부 수렴
② 피부 긴장, 탄력
③ 진정 작용, 염증 완화
④ 마른 타월 작용

3 타월사용방법

① 마무리과정 습포 후 피부의 습기 제거
② 관리과정 중 고객의 신체 보호
③ 고객의 가슴덮개 용도
④ 관리과정에서 관리사 손 닦는 용도

CHAPTER 11 관리 과정에 사용되는 얼굴과 머리 에너지 포인트

1 백회(百會)

두정부에 있는 경혈, 신경을 진정, 싱싱한 젊음 유지, 불면증, 혈행을 좋게

2 찬죽(攢竹)

눈썹 머리, 머리의 피로, 눈의 피로, 눈을 맑게, 눈 주위 주름 방지, 얼굴 부종

3 정명(睛明)

눈머리, 눈의 피로, 눈을 맑게

4 태양(太陽)

관자놀이 부분으로 얼굴의 기혈작용, 피부윤기

5 동자료(瞳子髎)

눈 꼬리 부분에서 1.5cm, 눈 꼬리 잔주름, 눈의 피로, 눈의 젊음

6 승읍(承泣)

눈 중앙 아래 1cm 위치, 눈 피로, 눈을 맑게

7 사백(四白)

눈 중앙 아래 3cm 누르면 찌릿한 통증, 눈 피로, 눈 꼬리 잔주름

8 비천

코의 옆 중앙부분으로 얼굴 중앙의 기 소통, 기미, 주근깨

9 거료(巨髎)

콧망울 끝에서 뺨 쪽으로 약 2cm, 얼굴피로 제거, 얼굴부종, 눈의 피로, 상치통, 안면신경 마비

10 권료(顴髎)

상치통, 삼차신경통, 구안와사, 진정

11 영향(迎香)

콧망울 양끝, 코 숨쉬기를 좋게(코막힘), 얼굴 상부를 반듯하게

12 수구(水溝)

코밑 인중부위, 입 주위 주름방지, 안면신경 마비

13 지창(地倉)

입 꼬리 부분, 입주름 방지, 안면신경 마비, 얼굴탄력, 혈색

⑭ 승장(承漿)

아랫입술 바로 밑 중앙부위, 입 주위 주름방지, 하치통, 얼굴탄력

⑮ 객주인(客主人)

동자료에서 1cm 아래 부위, 신경을 진정, 눈의 피로

⑯ 하관(下關)

관골 바로 아래 객주인과 관골을 사이에 두고 있다. 말을 많이 할 때 피로해소

⑰ 협거(頰車)

볼에 바람을 넣었을 때 말랑말랑한 부분, 얼굴 하반부를 반듯하게 한다(균형을 잡아준다).

⑱ 완골(完骨)

두통, 귀 울림, 불면증, 스트레스 해소

⑲ 풍지(風池)

두통, 치통, 눈 피로, 어깨경직, 비만

⑳ 천주(天柱)

두통, 눈 피로, 히스테리, 어깨경직, 피로회복, 머리를 맑게

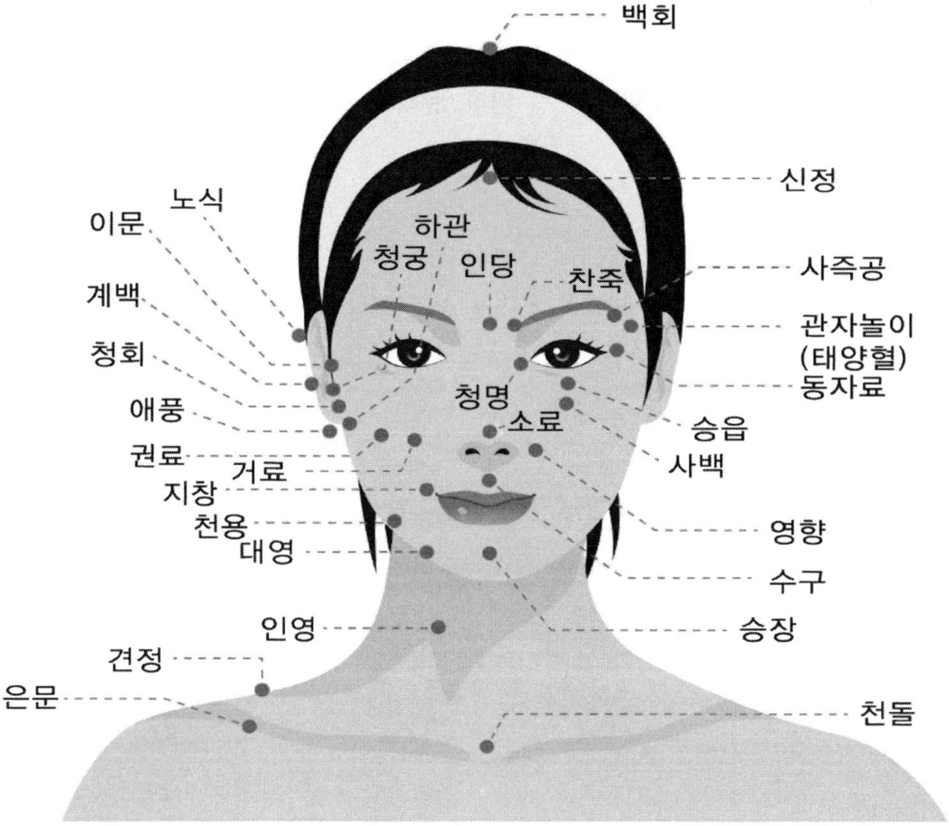
백회
신정
노식
이문
하관
청궁
인당
찬죽
사즉공
계백
관자놀이
(태양혈)
청회
동자료
청명
애풍
소료
승읍
권료
거료
사백
지창
영향
천용
대영
수구
인영
승장
견정
은문
천돌

▲ 얼굴 혈

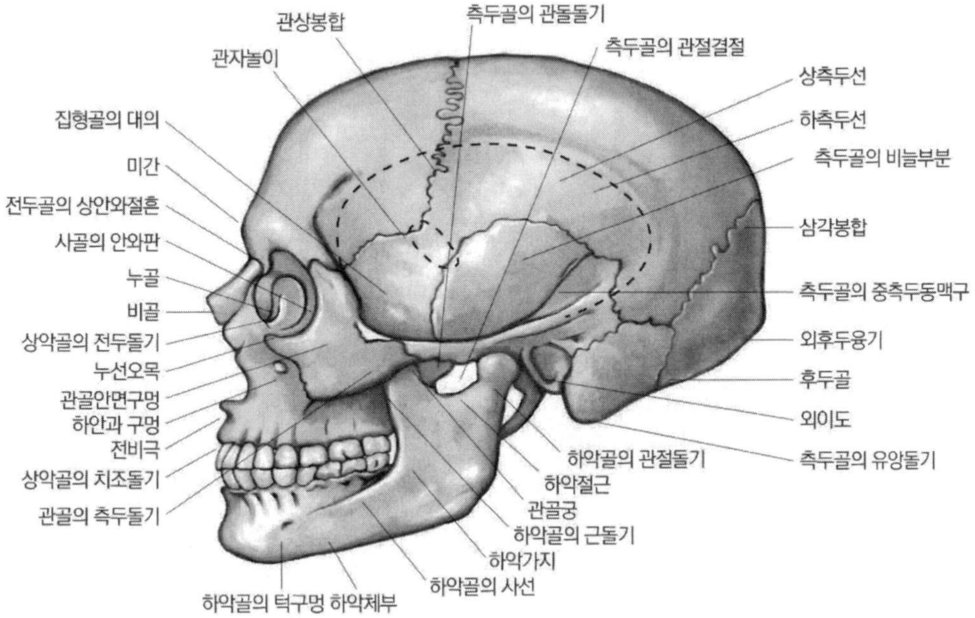
관상봉합
측두골의 관돌돌기
측두골의 관절결절
관자놀이
상측두선
집형골의 대의
하측두선
미간
측두골의 비늘부분
전두골의 상안와절흔
삼각봉합
사골의 안와판
누골
측두골의 중측두동맥구
비골
상악골의 전두돌기
외후두융기
누선오목
후두골
관골안면구멍
외이도
하안과 구멍
전비극
하악골의 관절돌기
측두골의 유양돌기
상악골의 치조돌기
하악절근
관골의 측두돌기
관골궁
하악골의 근돌기
하악가지
하악골의 사선
하악골의 턱구멍 하악체부

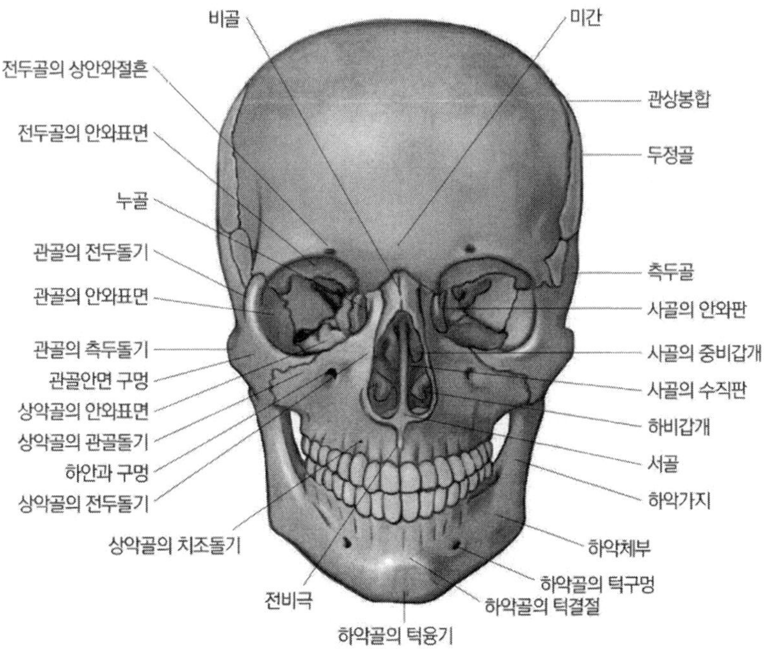
비골
미간
전두골의 상안와절흔
관상봉합
전두골의 안와표면
두정골
누골
관골의 전두돌기
측두골
관골의 안와표면
사골의 안와판
관골의 측두돌기
사골의 중비갑개
관골안면 구멍
사골의 수직판
상악골의 안와표면
하비갑개
상악골의 관골돌기
서골
하안과 구멍
상악골의 전두돌기
하악가지
상악골의 치조돌기
하악체부
하악골의 턱구멍
전비극
하악골의 턱결절
하악골의 턱융기

▲ 두개골의 측면과 정면

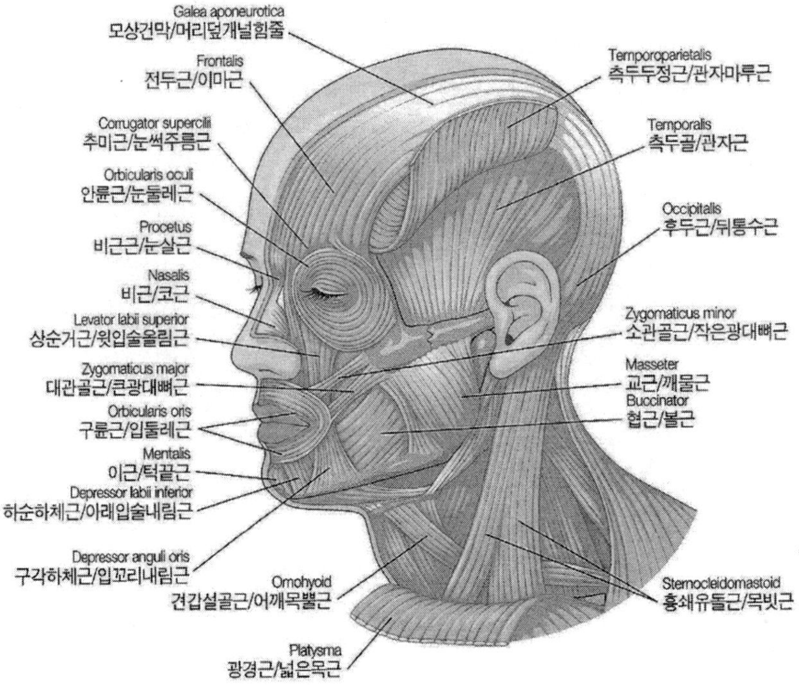
Galea aponeurotica
모상건막/머리덮개널힘줄
Frontalis
전두근/이마근
Corrugator supercilii
추미근/눈썩주름근
Orbicularis oculi
안륜근/눈둘레근
Procetus
비근근/눈살근
Nasalis
비근/코근
Levator labii superior
상순거근/윗입술올림근
Zygomaticus major
대관골근/큰광대뼈근
Orbicularis oris
구륜근/입둘레근
Mentalis
이근/턱끝근
Depressor labii inferior
하순하체근/아래입술내림근
Depressor anguli oris
구각하체근/입꼬리내림근
Omohyoid
견갑설골근/어깨목뿔근
Platysma
광경근/넓은목근
Temporoparietalis
측두두정근/관자마루근
Temporalis
측두골/관자근
Occipitalis
후두근/뒤통수근
Zygomaticus minor
소관골근/작은광대뼈근
Masseter
교근/깨물근
Buccinator
협근/볼근
Sternocleidomastoid
흉쇄유돌근/목빗근

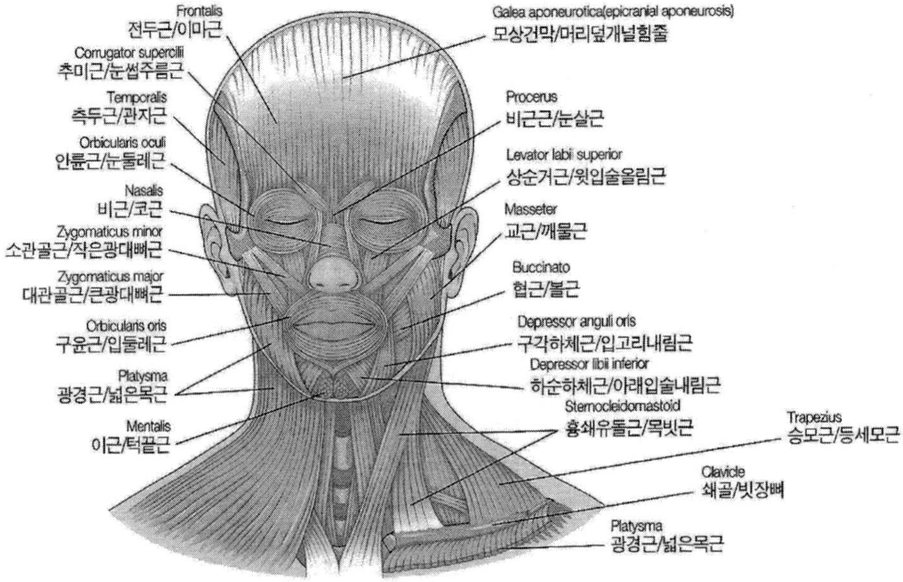
Frontalis
전두근/이마근
Corrugator supercilii
추미근/눈썹주름근
Temporalis
측두근/관자근
Orbicularis oculi
안륜근/눈둘레근
Nasalis
비근/코근
Zygomaticus minor
소관골근/작은광대뼈근
Zygomaticus major
대관골근/큰광대뼈근
Orbicularis oris
구윤근/입둘레근
Platysma
광경근/넓은목근
Mentalis
이근/턱끝근
Galea aponeurotica(epicranial aponeurosis)
모상건막/머리덮개널힘줄
Procerus
비근근/눈살근
Levator labii superior
상순거근/윗입술올림근
Masseter
교근/깨물근
Buccinato
협근/볼근
Depressor anguli oris
구각하체근/입고리내림근
Depressor libii inferior
하순하체근/아래입술내림근
Sternocleidomastoid
흉쇄유돌근/목빗근
Trapezius
승모근/등세모근
Clavicle
쇄골/빗장뼈
Platysma
광경근/넓은목근

▲ 얼굴의 측면과 정면 근육

CHAPTER 12 매뉴얼 테크닉(massage)

손을 이용하여 기본 다섯 가지 동작과 동작에 따른 속도, 압 조절, 방향, 연결 등 속도와 리듬을 이용하여 피부에 물리적인 자극을 주어 고객 피부를 활성화 시키는 방법으로 혈액순환과 림프순환을 원활하게 하여 신진대사의 활성화에 도움을 주며 세정효과 및 노폐물 제거, 피부의 탄력, 심리적인 안정감과 스트레스 완화에 도움을 준다. 관리의 목적에 따라 부위를 달리 할 수 있다.

분류번호	1201010203_14v2.4	능력단위 명칭	매뉴얼 테크닉하기
능력단위 정의	1. 얼굴의 피부유형과 부위에 맞는 매뉴얼 테크닉을 하기 위한 제품을 선택할 수 있다. 2. 선택된 제품을 피부에 도포할 수 있다. 3. 5가지 기본 동작을 이용하여 매뉴얼테크닉을 적용할 수 있다. 4. 얼굴의 피부상태와 부위에 적정한 리듬, 강약, 속도, 시간, 밀착 등을 조절하여 매뉴얼 테크닉을 적용할 수 있다.		

1 매뉴얼 테크닉(massage)의 종류

① 일반(classic) 매뉴얼 테크닉(스웨덴식(swedish))
② 한국형 meridian 매뉴얼 테크닉(경락을 이용한 테크닉)
③ Antistress 마사지(relaxing)
④ 맨손 매뉴얼 테크닉(오일을 사용하지 않음)
⑤ 림프(lymph drainage) 마사지
⑥ 안면 근육(face muscle) 마사지
⑦ 쟈켓 마사지(Jacquet)

2 팩과 마스크

팩과 마스크는 얼굴 관리에서 피부의 영양 또는 피부 진정, 피부탄력, 피부미백, 피부재생 등 관리 목적 및 피부의 유형과 관리과정의 상태에 따라 종류를 선택하여 사용된다.

제품에 따라 사용방법, 준수시간, 팩의 두께, 제거 방법 등이 다양하므로 사용 전에 유의하여야 하며 제품의 사용방법을 정확하게 숙지하여야 한다.

종류	건성 및 정상피부에는 레씨틴 팩, 펩타이드 팩, 콜라겐 팩, 모델링 마스크, 석고 마스크 등, 지성 및 여드름성 피부에는 클로로필 팩, 머드팩, 시트형 콜라겐 마스크, 고무마스크, 탄력마스크
준비물	팩과 마스크의 종류에 따라 다르나 팩볼, 스파튤라, 거즈, 붓, 화장솜, 해면, 냉습포 등

3 피부 관리(시술)의 단계

① 고객 상담(Counselling)
② 피부 분석(skin analysis－diagnosis)
③ 고객카드 작성(client card－carte)
④ 피부 관리 계획(skin care plan)
⑤ 피부 관리(treatment)

4 얼굴 피부 관리 순서

① 색조화장 지우기
② 얼굴 클렌징(cleansing)
③ 화장수 정리(toning)
④ 딥 클렌징(exfoliation)
⑤ 매뉴얼 테크닉(massage) 시술
⑥ 팩(pack, mask)
⑦ **마무리** : 습포 후 스킨로션 정리 에센스 → 아이크림 → 영양크림 → 자외선 차단제 → 마무리하고 관리한 모든 내용을 고객카드에 작성한다.
⑧ 가정에서의 관리방법 조언(home care advice)

5 매뉴얼 테크닉(마사지, massage)

마사지의 어원은 그리스어의 "Masso"로 '문지르다', '주무르다'라는 의미를 가지고 있다. 손을 이용하여 피부에 마찰을 줌으로써 혈액순환과 림프순환, 근육이완 등의 효과와 피부의 기능을 활성화 시켜주는 행위를 말한다.

사용화장품은 영양크림, 마사지용 크림, 오일 등이 있다.

1) 마사지의 효과

① 피부의 혈액순환을 촉진시켜 신진대사를 왕성하게 한다.
② 모공을 이완시키며 피지와 땀의 분비를 촉진시킨다.
③ 림프순환을 촉진시켜 피부의 저항력을 높인다.
④ 긴장된 근육을 이완시키고 피부조직을 부드럽게 한다.
⑤ 피부의 감수성을 향상시켜 피부에 바른 화장품의 흡수율을 증진시킨다.
⑥ 신경을 진정시켜 긴장을 풀어준다.
⑦ 심리적 안정을 가져오게 한다.
⑧ 피하지방의 과다 축척을 억제한다.
⑨ 통증을 감소시켜주며 부종을 완화시켜 준다.

2) 마사지의 구성 요소

(1) 방향(Direction)

① 일반적인 방향은 아래서 위로, 근섬유 방향이여야 한다.
② 방향이 정맥과 림프의 순환과 동일해야 한다.
③ 근육 결을 무시할 경우 오히려 피부에 주름을 유발할 수 있다.

(2) 압 조절(Pressure)

① 동작의 흐름이 유연하며 압력은 강약을 적절히 하여 힘을 조절한다.
② 아래 → 위 방향은 압을 조절하여 주어야 하며, 반대로 위 → 아래 방향은 압을 주지 않는다.
③ 코를 중심으로 안 → 밖으로 향하여는 압조절하여 압을 주어야 하며, 밖 → 안쪽 방향은 압을 주지 않는다.

(3) 속도와 리듬(Rate & Rhythm)

부드럽고 천천히 때로는 강하면서 부드럽게, 때로는 빠르게 반복하여 리듬을 준다.

(4) 매개체(Media)

마사지 시 사용되는 크림류, 오일류 등을 이용하여 피부에 자극을 감소시키며, 피부의 유연성을 주는 대체품을 말한다.

(5) 자세(Position)

자세가 올바르지 않으면 관리사의 몸에 무리가 생길 수 있다. 관리 시 고객과 관리사의 거리 유지와 고객이 편안함을 느낄 수 있는 자연스러운 자세가 중요하다.

(6) 밀착감

손이 떠있는 느낌이 들지 않도록 밀착하여야 할 부분은 정확하게 밀착한다.

(7) 연결성

한 동작에서 다음 동작으로 전환이 정확하고, 매끄러워야 한다.

(8) 시간

피부 형태별 소요시간은 다를 수가 있으나 일반적으로 일굴 마사지는 약 10 ~ 15분 정도 실시한다.

(9) 횟수

① 마사지 횟수는 피부형태별, 연령별, 부위별 관리목적에 따라 다르나 통상적으로 일주일에 1 ~ 2회 정도 실시하는 것이 바람직하다. 또한 규칙적이고 정기적인 관리가 가장 중요하다.

② 피부 관리 동작은 기교가 아닌 고객 한 사람, 한 사람에게 애정을 갖고 대하는 자세가 중요하며 그 인성에 따른 수기 동작은 일정한 리듬 유지와 기법에 따른 속도유지와 밀착의 정도, 부드러운 연결의 기법과 기분 좋은 압의 조절이 되어야 한다.

(10) 정확한 화장품 선택

고객의 피부 형태에 따른 화장품 사용을 정확히 해야 하며, 사용목적에 따른 오일류, 크림류, 팩제, 마스크 종류와 기초제품을 다양하게 사용하게 되므로 선택하여 사용하는 방법을 정확히 알아야 한다.

3) 마사지 동작

(1) 쓰다듬기(경찰법, 무찰법, Effleurage)

① 설명

㉠ 피부를 가볍게 마찰하는 방법이다.
㉡ 마사지 시, 처음 시작과 마무리 동작에 기본적으로 사용된다.
㉢ 처음과 마지막의 속도와 압력이 일정하다.
㉣ 가볍고 연속적으로 손 전체를 이용하여 천천히 리드미컬(rhythmical)하게 행한다.

② 효과

㉠ 얼굴이 예민하거나 부종이 있을 때 사용한다.
㉡ 노화된 각질을 제거한다.
㉢ 피부를 진정시키고 정신적 긴장을 이완시킨다.
㉣ 자율신경계에 영향을 준다.
㉤ 혈액과 림프 순환을 촉진시킨다.

③ 종류

㉠ 표면 경찰법(Superficial Stroking) : 피로회복, 진정
㉡ 심부 경찰법(Deep Stroking) : 혈액과 림프액 흐름을 촉진 및 피부 진정효과

(2) 문지르기(강찰법, 마찰법, Friction)

① 설명

㉠ 피부에 강한 자극을 주며 강하게 문지르는 방법이다.
㉡ 손을 이용하여 원을 그리는 동작이다.
㉢ 주름이 발생하기 쉬운 부위(이마, 코, 눈가)에 많이 실시한다.

② 효과

㉠ 혈액순환, 피부탄력 증가, 결체조직 강화

㉡ 강한 접촉으로 피부의 신진대사를 촉진하고, 피지선을 자극하여 노폐물의 배출을 용이하게 한다.

(3) 주무르기(유연법, 유찰법, Petrissage)

① 설명

㉠ 피부를 반죽하듯 주물러서 푸는 방법이다.

㉡ 손가락 전체를 이용하여 피부를 쥐듯이 잡아서 행한다.

㉢ 손에 힘을 주어 피부를 누르기도 한다.

② 효과

㉠ 피부표면의 각질 제거

㉡ 피하 노폐물을 조직 밖으로 보내고 정맥과 림프의 순환을 증진시킨다.

㉢ 신진대사의 활성화 및 혈액순환을 촉진시킨다.

㉣ 피하조직과 결체조직에 영향을 주어 전신관리 시 사용된다.

③ 종류

㉠ 강한 유연법

- 풀링(fulling) : 피부를 주름잡듯 이행하는 방법으로 양손가락을 이용하는 방법이다.

㉡ 압박 유연법

- 롤링(Rolling) : 피부를 나선형으로 굴리는 방법이다.
- 린징(Wringing) : 양손으로 피부 부위를 비틀듯이 행한다.
- 처킹(Chucking) : 양손 혹은 한손으로 피부를 가볍게 상하 움직이는 방식이다.

(4) 두드리기(고타법, 타진법, 경타법, Tapotment)

① 설명

㉠ 손을 이용하여 피부를 두드려 주는 방법이다.

㉡ 두드리는 강도와 횟수는 목적에 따라 달리한다.

㉢ 화장품의 침투를 촉진시킨다.
㉣ 피부에 자극을 주어 생기를 부여한다.

② 효과

㉠ 전신에 쾌감을 준다.
㉡ 근육의 수축력 증가와 신경기능 조절에 효과가 있다.
㉢ 혈액순환을 촉진시킨다.
㉣ 피부의 탄력성을 증가시킨다.
㉤ 근육의 피로를 풀어준다.

③ 종류

㉠ 태핑(Tapping) : 손가락으로 피아노 치듯 사용하는 방법
㉡ 슬랩핑(Slapping) : 손바닥을 이용하는 방법
㉢ 해킹(Hacking) : 손의 옆면을 사용하는 방법
㉣ 커핑(Cupping) : 손바닥을 우묵하게 하여 사용하는 방법
㉤ 비팅(Beating) : 주먹을 살짝 쥔 상태로 사용하는 방법

(5) 떨기(진동법, Vibration)

① 설명

㉠ 피부를 흔들어 울림을 주는 방법이다.
㉡ 손 또는 손가락의 힘을 이용하여 두 손을 동시에 움직이며 피부에 고른 진동을 준다.
㉢ 섬세한 자극을 주는 동작으로 떨기의 세기에 따라 효과가 다르다.

② 효과

㉠ 지각신경에 쾌감을 준다.
㉡ 특히 경련과 마비에 효과적이며 근육의 이완을 돕는다.
㉢ 피부의 탄력을 증가시킨다.
㉣ 혈액과 림프순환을 원활하게 한다.

(6) 누르기(압박법, pression)

① **설명**

한손 또는 양손을 이용하여 조직을 잡고, 들거나 누르는 동작으로 압이 사용되는 것이다.

② **효과**

㉠ 혈액순환 촉진, 근육경련 해소, 노폐물 제거
㉡ 피부 내층과 근육층 깊은 곳까지 국소 자극을 강하게 주어, 혈액순환을 촉진시키고 모공에 축적된 피지를 배출해 내도록 한다.
㉢ 노폐물 제거에 좋고, 혈액순환을 원활하게 한다.

4) 마사지를 적용하면 좋은 경우

① 각질이 많이 보일 때
② 근육이 경직되었을 때
③ 계절이 바뀔 때
④ 목욕 직후나 피부의 휴식기일 때
⑤ 운동하고 난 후
⑥ 피부가 건조하고 위축현상이 보일 때
⑦ 심리적 안정과 피부 관리가 필요하다고 느낄 때

5) 마사지를 피해야 할 경우

① 접촉성 피부염이 있을 때
② 화농성 여드름이 있을 때
③ 홍반반응과 모세혈관이 많이 확장된 상태일 때
④ 화장품 알레르기가 있을 때
⑤ 자외선에 의하여 피부가 예민해져 있을 때
⑥ 독감이나 결막염 등 전염성 있는 병에 전이되었을 때
⑦ 식후 1시간 이내
⑧ 임신 4개월 이내에는 복부 마사지에 들어가지 않도록 주의한다.

⑨ 도포방법은 얼굴 중 온도가 가장 낮은 부위부터 시작한다.
(목 → 볼 → 턱 → 이마 → 코 순)
⑩ 시간을 엄수한다.
⑪ 한방 팩 사용 시 너무 많은 종류를 섞지 않도록 한다. 트러블 발생 시 원인성분을 찾기 힘들다.
⑫ 천연 팩은 항상 신선한 것을 사용 직전에 만들어서 사용한다.
⑬ 팩에 따라 효과를 상승시키기 위해서는 적외선 등, 스티머, 랩 등을 사용하기도 한다.
⑭ 위생적이어야 한다.
⑮ 사용 전 피부를 따뜻하게 한다.

6 크림(Cream)팩을 이용한 관리방법

1) 정의

유효성분이 크림 형태로 되어 있는 것으로, 피부 형태에 따라 다양하게 사용할 수 있으며 사용이 편리하고 보관 방법도 간편하다.

2) 성분

계절, 피부 형태에 따라 다양한 보습 및 활성성분 함유

3) 효능

성분에 따라 주는 효과가 다양하다. (보습, 영양, 유연, 진정, 정화, 탄력 작용 등)

4) 적용피부

모든 피부에 사용 가능하다. 피부 형태에 따라 1차와 2차 팩으로 사용이 가능하다.

5) 주의사항

① 피부 타입에 맞게 선정한다.
② 팩의 두께는 피부가 가려질 정도로 바르는 것을 기본으로 하나 제품의 특성에 따라 두께를 조절한다.

6) 크림팩 과정

① 브러시 또는 스파튤라를 이용하기도 한다.
② 볼(눈, 입 부분 제외) → 아이 패드(eye pad) 해주기 → 10~15분 적용 → 해면으로 제거 → 마무리(냉습포)

7 마스크

1) 마스크의 정의

① 굳는 과정에서 공기를 차단시킨다.
② 피부는 혈액과 림프 작용에만 의존하여 혈액 순환을 촉진시킨다.
③ 영양물질의 흡수 촉진은 확산에 의해 이뤄진다.
④ 습기의 흐름을 차단하여 피부가 부풀어 탄력성 있고 팽팽하게 보이도록 한다.

2) 마스크의 효과

① 혈액순환 촉진으로 피부에 영양과 산소를 공급한다.
② 피지선과 한선의 활동을 증가시켜 노폐물 배출을 원활히 한다.
③ 피부표면의 습윤 작용과 죽은 각질을 제거해준다.
④ 유효성분의 침투를 도와준다.
⑤ 피부진정 효과와 수렴작용이 있다.

3) 마스크의 종류

① 석고 마스크
② 고무 마스크
③ 콜라겐 벨벳 마스크
④ 파라핀 마스크

4) 마스크의 특징

(1) 석고 마스크

① 성분

크리스탈, 벤토나이트, 황산칼륨

② 효능

㉠ 석고가루가 물을 만나 반응할 때 발생하는 열(42~45℃ 이상 상승한다)이 피부모공을 확장시켜 피부 속 깊이 영양성분을 침투시키고, 다시 석고가 굳으면서 모공을 닫아주어 피부를 정돈시키는 기능을 한다.

㉡ 피부기능을 활성화시켜 피부 신진대사 및 혈액순환이 촉진되고 림프의 흐름이 좋아져 맑고 투명한 피부가 된다.

㉢ 앰플, 고농축 세럼 또는 영양크림을 피부 속 깊숙이 침투시키는 것으로 노화된 피부에 영양분과 수분을 공급시키고 피부 탄력을 강화시켜준다.

③ 적용피부

노화, 건성, 정상피부에 효과적이다.

④ 주의사항

㉠ 노폐물 제거를 깨끗이 하고 실시한다.

㉡ 외부와의 공기를 차단시킨 상태에서 피부에 열을 공급시키는 원리이므로 폐쇄공포증 환자, 심장이 약한 사람, 화농성 여드름 피부, 모세혈관 확장피부는 피하는 것이 좋다.

㉢ 석고를 반죽할 때 농도와 물의 온도차로 열의 변화를 줄 수 있다.

⑤ **석고마스크에 부적합한 피부**

㉠ 모세혈관 확장 피부

㉡ 화농성 여드름 피부

㉢ 안면 피부병

㉣ 일광 후, 홍반현상이 발생한 경우

㉤ 고온 사우나 후

(2) 고무 마스크

① **성분**

㉠ 해양식물의 추출물과 허브 추출물, 콜라겐, 차콜 민트 등

㉡ 팩에 따른 다양한 활성 성분 함유

② **효능**

피부 표면에 수분증발을 일시적으로 정지시켜주고, 각종 활성 성분들이 피부 깊숙이 침투하도록 하여 피부에 산소공급과 독소제거 역할을 하고 표피에 수분을 증가시켜 보습과 재생능력을 증가시켜주며 노폐물 흡착과 진정작용에 효과가 있다.

(3) 콜라겐 벨벳(Collagen Velvet) 마스크

① **성분**

콜라겐, 히아루로닉 액시드, 무코 다당류

② **효능**

피부 수화능력 증진, 잔주름 완화, 탄력 증진, 미백작용, 진정작용

③ **적용피부**

화농성 여드름 피부를 제외한 모든 피부에 사용가능하다.

④ **주의사항**

약 30분 후 벨벳 마스크를 걷어내고, 화장수로 정리한 다음 앰플과 에센스, 크림과 자외선 차단제로 마무리한다.

8 마무리

① 장시간의 피부미용관리로 오랫동안 움직임 없이 누워 있었기 때문에 부분적으로 긴장된 근육을 이완시키고, 좀 더 편안한 상태로 관리를 마무리해 고객 만족도를 최대화시키기 위함이다.

② 화장수로 피부 결을 정돈한다.

③ 피부 형태에 맞는 앰플, 에센스, 아이크림, 영양크림, 자외선 차단제 등을 피부에 잘 흡수시켜 준다.

④ 관리 후, 피부는 인위적인 각질제거와 물리적인 마찰 등으로 일시적 외부 자극으로부터 예민해질 수 있다. 위의 기초화장품으로 외부의 자극으로부터 보호를 해주어야 한다.

CHAPTER 13 얼굴관리

제 1 절 Point Make-up 지우기

① 목적

색소가 섞여 있는 눈 화장과 입술화장을 본 화장과 별도로 클렌징함으로써 피부 화장을 지우는 과정을 쉽게 하고 청결을 유지할 수 있다.

② 준비물

포인트 메이크업 전용의 클렌징 워터 혹은 젤, 화장 솜, 면봉

③ 실습절차

① 피부 관리를 위한 예비 동작
② 부분 화장 지우기

4 관리 순서

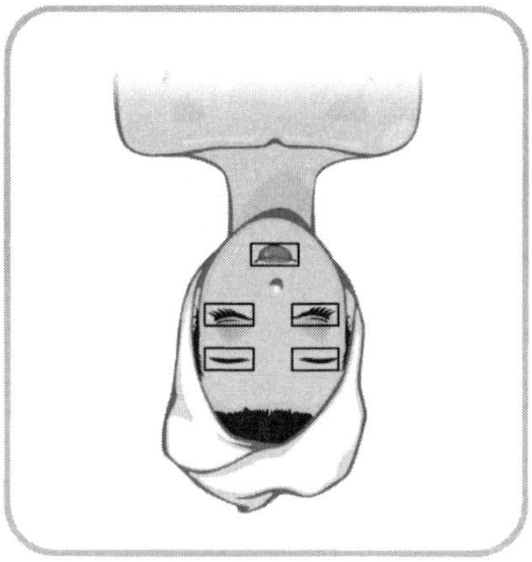

1) 화장솜 5장에 포인트 메이크업 리무버를 묻혀 1장은 입술 위에, 2장은 각각 눈썹 위에 놓고 리무버가 메이크업제(마스카라, 섀도우, 라이너)를 녹여내도록 밀착하여 올려놓은 후 화장의 정도에 따라서 1분 이내 기다린다. 다른 2장은 반으로 접어 반은 속눈썹 아래에 놓고 나머지 반으로 눈 위를 덮는다.

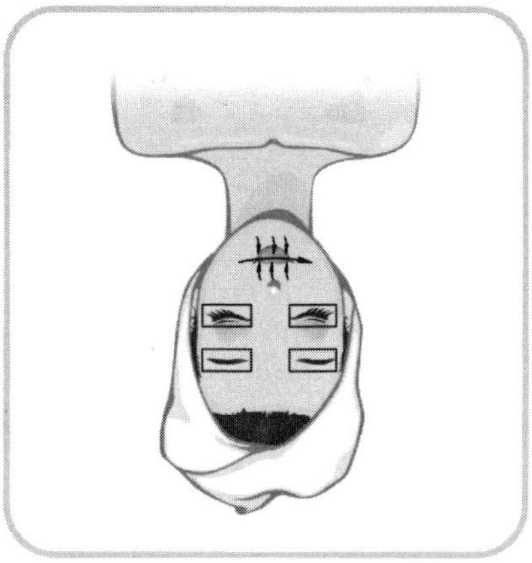

2) 한손으로 얼굴을 입 옆을 살짝 잡고 입술 위에 있는 화장솜으로 입술 입구방향으로 립스틱을 닦는다.
마지막으로 입술 안쪽의 잔여분을 제거하도록 구각에서 내측까지 세심하게 살펴서 닦아낸다.

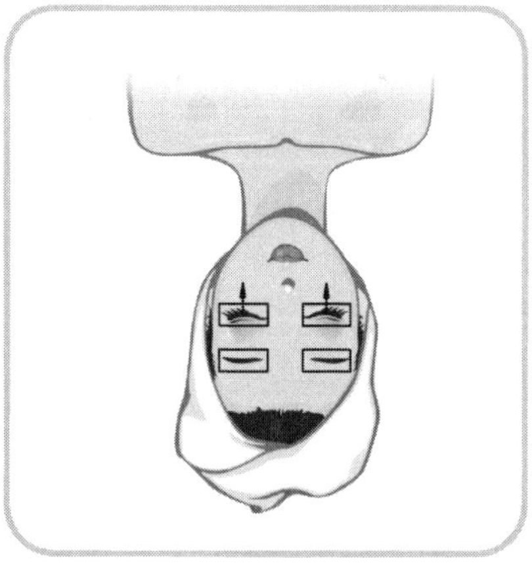

3) 반으로 접힌 솜 아래 위를 살짝 잡고 앞으로 잡아 빼듯이 당긴다. 마스카라의 잔여물이 남았을 경우 다시 화장솜을 속눈썹 아래에 넣고 리무버를 묻힌 면봉으로 위에서 아래로 닦아낸다.

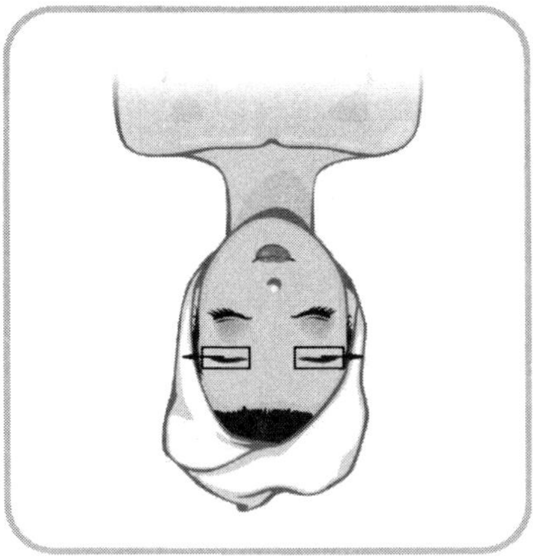

4) 눈썹은 안쪽에서 바깥쪽으로 지그시 누르듯 닦아낸다.

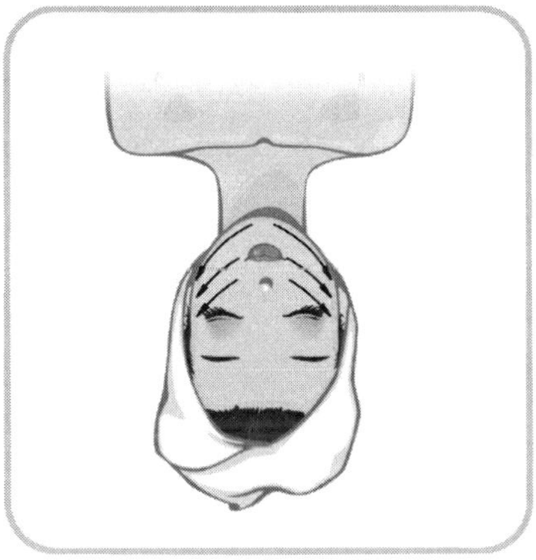

5) 다시 화장솜 2장에 리무버를 묻혀 턱밑에서 귀 아래로, 입 옆에서 귀 중앙, 코 옆에서 귀 끝 방향으로 파운데이션을 닦아낸다.

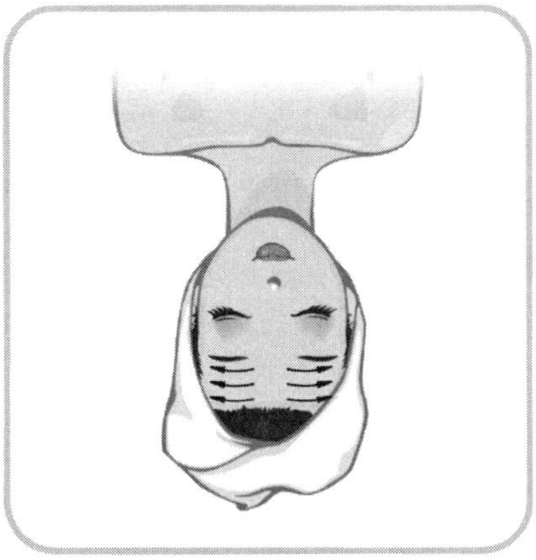

6) 이마는 2등분하여 옆으로 닦아낸다.

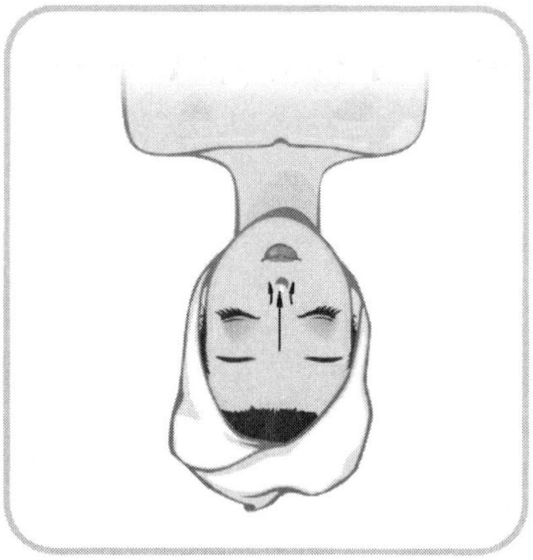

7) 코는 위에서 아래로 쓸어내리고 콧망울을 세심히 닦아준다.

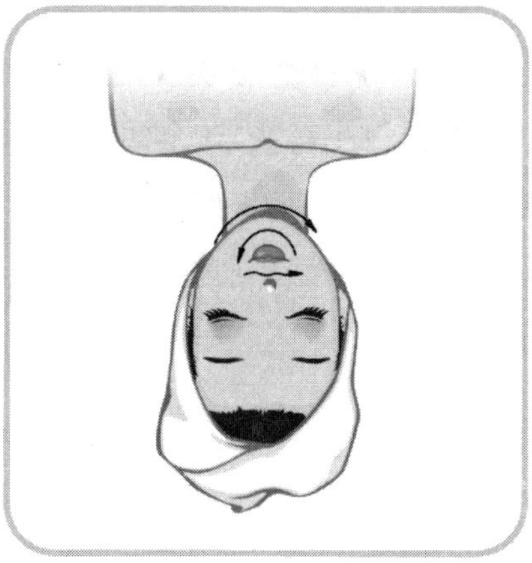

8) 인중을 닦고 턱 아래를 크게 훑어준다.

9) 혹시 남아있을지도 모르는 메이크업 잔여물을 닦아낸다.

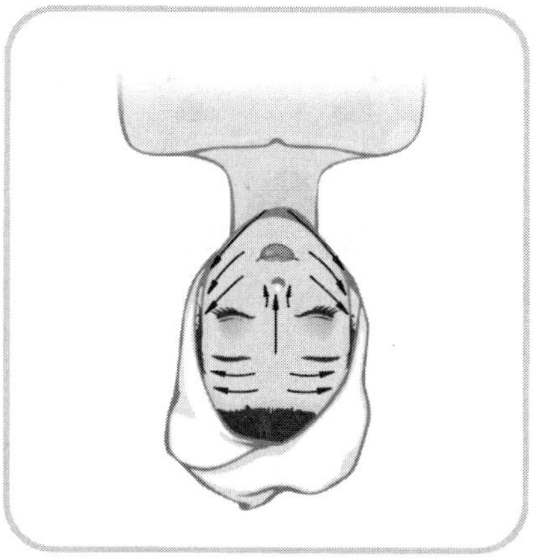

10) Make-up을 진하게 하였을 경우에는 깨끗한 화장솜으로 한 번 더 닦아준다.

제 2 절 티슈 사용

1 목적

티슈는 클렌징 후에 해면 스펀지를 사용하기 전에 클렌징 크림이나 오일의 과잉 도포된 양을 제거함에도 사용되며, 피부 관리 과정에서 크림이나 오일을 제거할 때 사용된다. 관리사는 티슈의 사용동작을 익혀 고객의 피부에 티슈가 거칠게 느껴지지 않도록 주의한다.

2 준비물 : 티슈

3 실습절차

① 예비동작
② 부분 화장 지우기
③ 티슈 사용동작 익히기

4 관리 순서

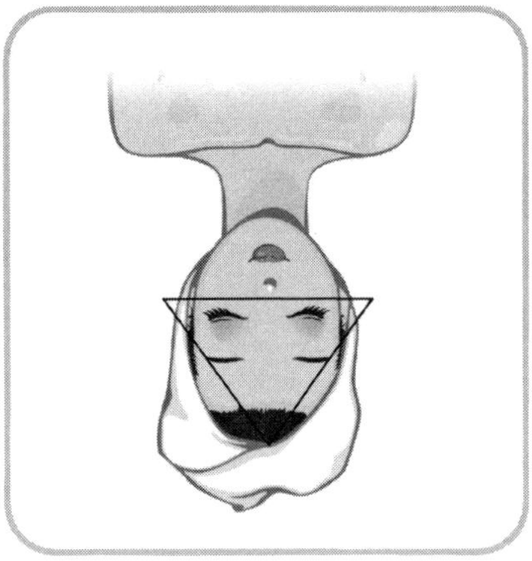

1) 티슈를 삼각형 모양으로 접어 코를 기준으로 얼굴 위쪽을 덮어 남은 유분기를 제거한다.

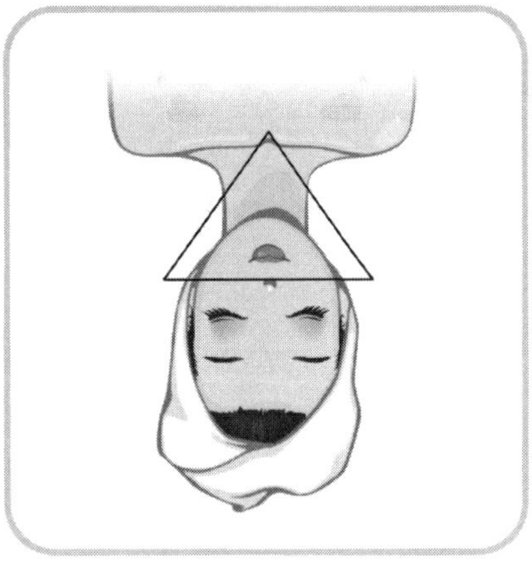

2) 다시 코 아래쪽을 덮어 유분기를 제거한다.

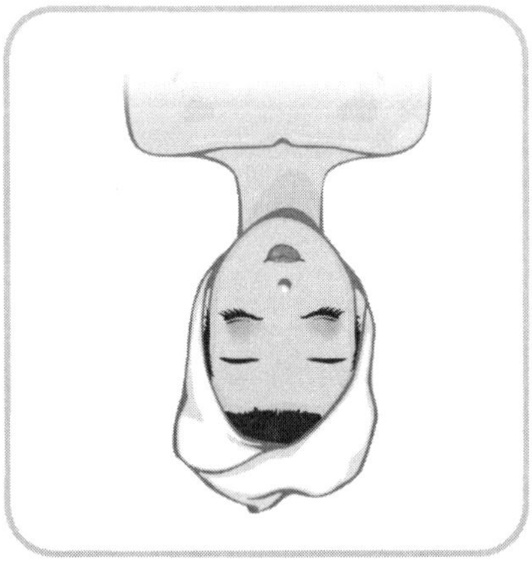

3) 티슈를 길게 접어 손가락에 감고 남은 유분기들을 눌러낸다.

티슈 사용 응용하기

제 3 절 해면 스펀지 사용

1 목적

클렌징이나 피부 관리 후에 피부표면에 부착되어 있는 화장품과 피부노폐물을 제거하기 위한 것이다. 능숙한 동작을 익혀서 고객이 불안하지 않도록 하고, 해면의 양면을 잘 활용할 수 있도록 한다.

2 준비물

① 해면스펀지, 물, 보울(Bowl), 탈지면(여드름 피부에 일회용으로 사용)
② 해면스펀지는 자외선소독기에 미리 소독이 되어 있어야 한다.

3 실습절차

① 예비동작 익히기
② 부분 화장 지우기
③ 티슈 사용동작 익히기

4 관리 순서

① 양손에 해면을 쥐고 눈가를 안쪽에서 바깥쪽으로 닦는다.
② 이마를 이등분하여 닦아 내린다.
③ 코는 위에서 아래로 쓸어내리고 콧망울을 닦는다.
④ 코 옆에서 귀 끝까지 닦는다.
⑤ 입 옆에서 귀 중앙, 턱 끝에서 귀 아래까지 닦는다.
⑥ 인중을 닦고 턱 아래를 크게 쓸어준다.
⑦ 목 앞을 가로로 닦아 내리고 목 옆을 쓸며 올라와 귀를 닦는다.

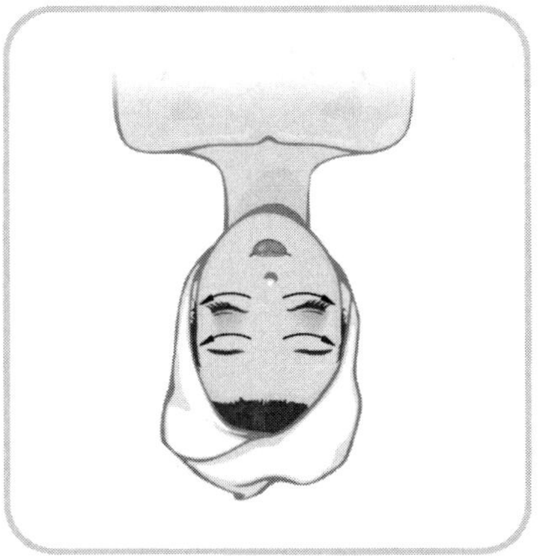

1) 양손에 해면을 쥐고 눈가를 안쪽에서 바깥쪽으로 닦는다.

2) 이마를 이등분하여 닦아 내린다.

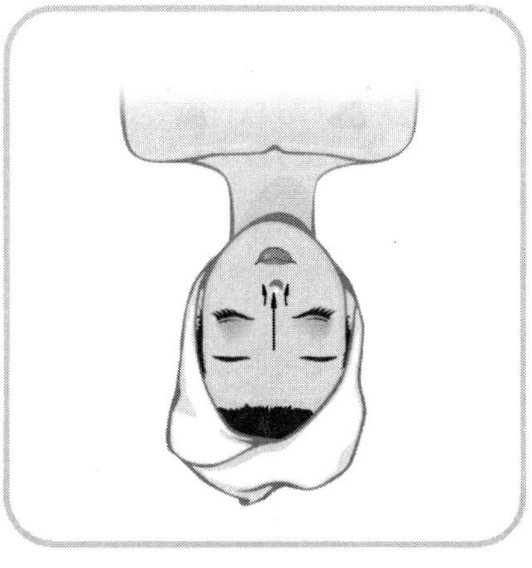

3) 코는 위에서 아래로 쓸어내리고 콧망울을 닦는다.

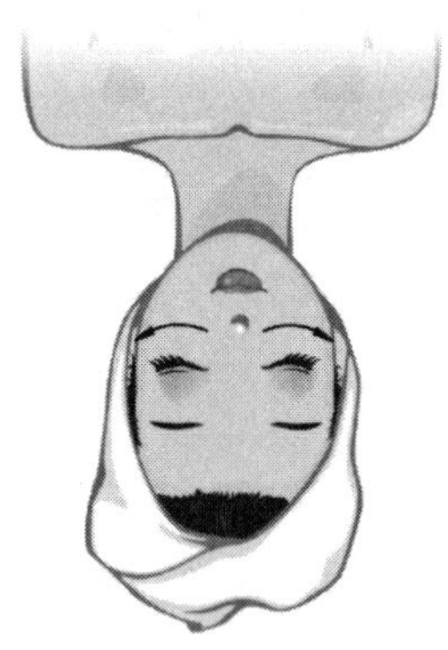

4) 코 옆에서 귀 끝까지 닦는다.

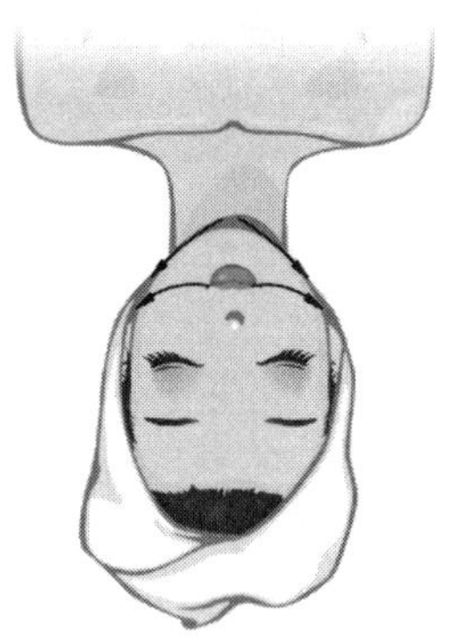

5) 입 옆에서 귀 중앙, 턱 끝에서 귀 아래까지 닦는다.

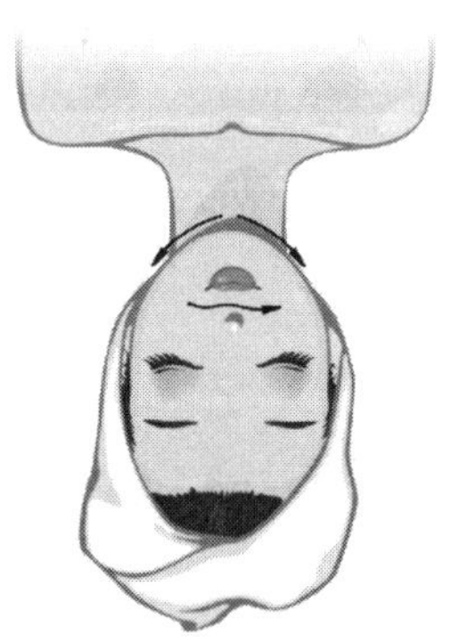

6) 인중을 닦고 턱 아래를 크게 쓸어준다.

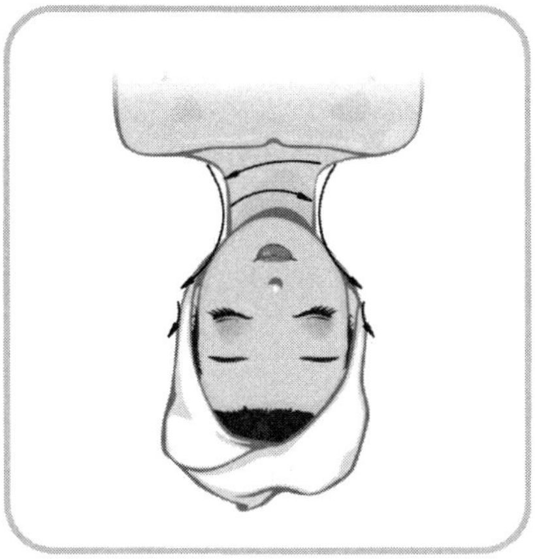

7) 목 앞을 가로로 닦아 내리고 목옆을 쓸며 올라와 귀를 닦는다.

제 4 절 스팀타월 사용

1 목적

온습포나 냉습포를 사용하여 피부 관리 과정 중 필요할 때마다 사용하여 피부 관리 제품을 제거하거나 피부의 온도를 높여 이완 또는 수렴 역할을 한다.

1) 온습포

따듯한 온도(40 ~ 45℃)의 습포를 말하며, 피부표면에 습도와 온도를 부여함으로써 클렌징 후 피부표면의 노폐물과 노화된 각질을 제거하는데 사용된다. 마지막 단계보다는 중간 중간의 노폐물 제거와 혈행을 원활하게 하는데 사용되는 습포이다.

2) 냉습포

보통 피부 관리의 마지막 단계에 사용되는 것으로 차가운 온도의 습포는 피부를 긴장시키고 붉어진 피부를 진정시키는 효과가 있다.

3) 습포 사용 시 주의사항

① 민감한 피부와 모세혈관 확장형 피부는 지나친 온습포와 냉습포의 사용에 주의를 요한다.
② 화농성 피부나 탈모 후 또는 필링 후에는 온습포를 사용하지 않는다.
③ 온습포의 온도가 적당한지 확인한다.
④ 습포 동작에서는 타월이 피부에 밀착되도록 하여 사용한다.
⑤ 타월동작을 하면서 경혈점을 지압하면 피부 관리에 효과적이다.
⑥ 타월은 항상 청결하게 유지되어야 하며, 피부는 항상 타월의 깨끗한 부위로 닦도록 한다.
⑦ 귀나 목 뒤에도 주의해서 잘 닦아낸다.

2 준비물

① 젖은 타월
② 장고(타월 스팀기) 80℃ 전·후에서 보관

3 실습절차

① 예비동작 익히기
② 부분 화장 지우기
③ 티슈 사용동작 익히기
④ 해면스펀지 동작 익히기

4 관리 순서

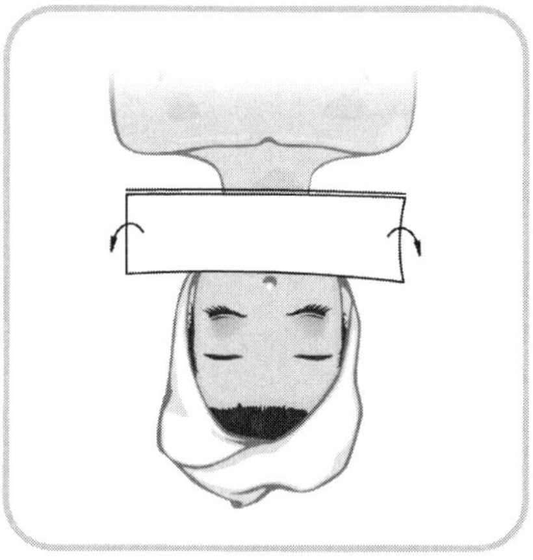

1) 수건을 반으로 접어 매듭부분이 턱 쪽으로 가게 하여 입 위를 덮고 아래로 압을 준다.

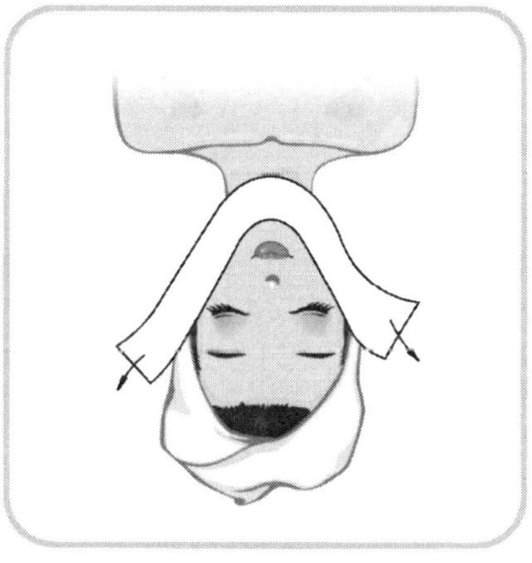

2) 수건을 접어 턱 아래에 걸리도록 하고 위로 살짝 잡아당긴다.

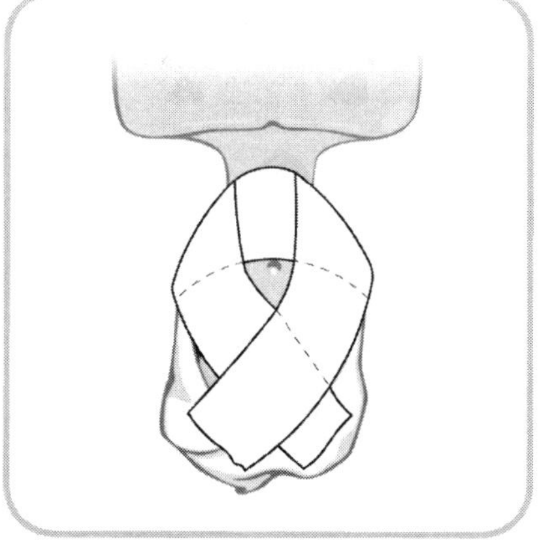

3) 귀까지 완벽히 덮이도록 수건을 접어 얼굴 위에 덮는다.

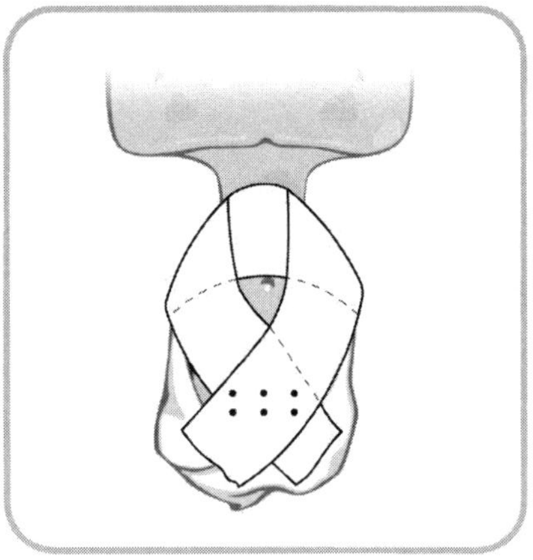

4) 양손을 포개어 이마 한 가운데에 놓고 체중을 실어 아래로 서서히 압을 가한다.

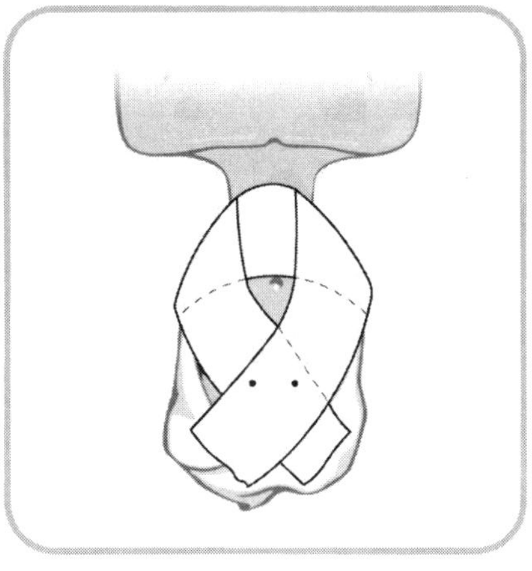

5) 눈썹 앞머리 부분에 셋째 손가락을 걸고 손바닥을 이마에 내려놓은 상태로 위로 서서히 잡아당긴다.

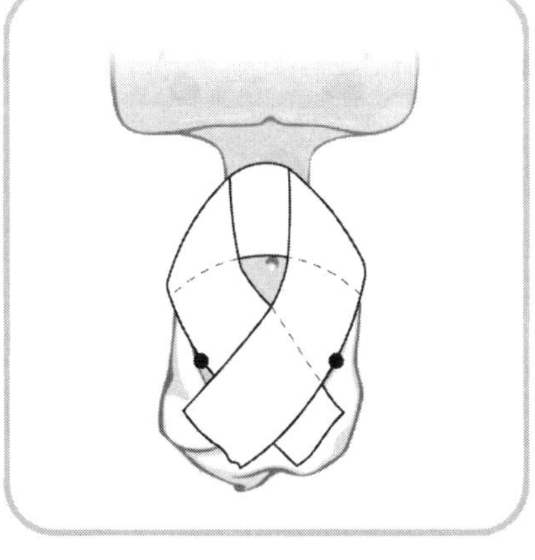

6) 손바닥 한가운데를 관자놀이에 대고 얼굴을 감싸 쥐듯 안쪽으로 서서히 압을 가한다.

7) 둘째 손가락을 양 콧망울 옆에 놓고, 차례대로 나머지 세 손가락으로 광대뼈를 잡아 위로 끌어 올린다. 이때 광대뼈를 잘못 잡으면 피부만 당겨 올라오므로 주의한다.

8) 네 손가락으로 턱을 감싸고 엄지손가락으로 인중에 압을 서서히 가한다.

9) 네 손가락이 턱을 감싸쥔 채 엄지로 아래턱에 압을 서서히 가한다.

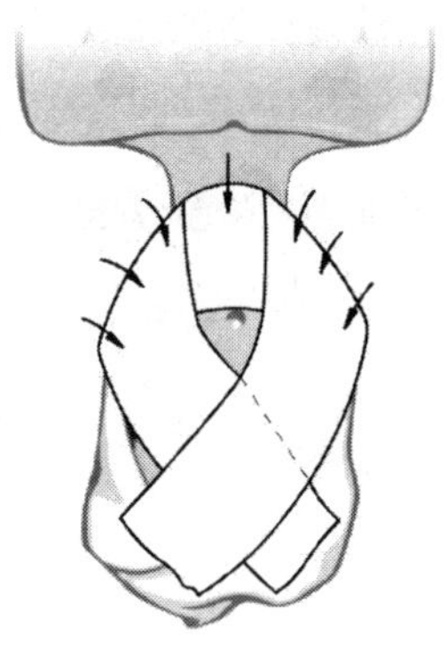

10) 네 손가락으로 턱을 잡아 시술자의 배쪽을 향해 당긴다.

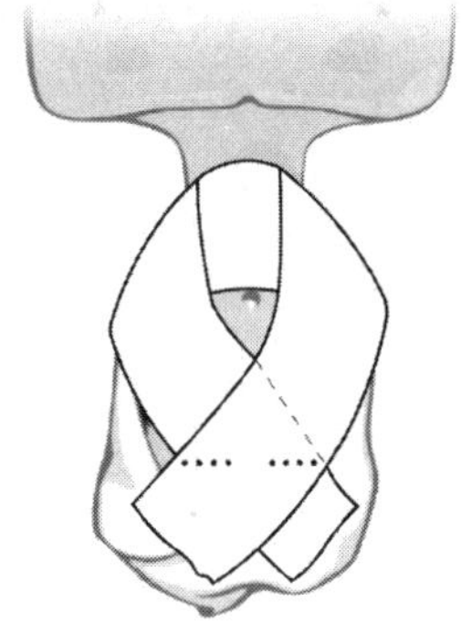

11) 네 손가락으로 눈 위를 가볍게 두드린다.

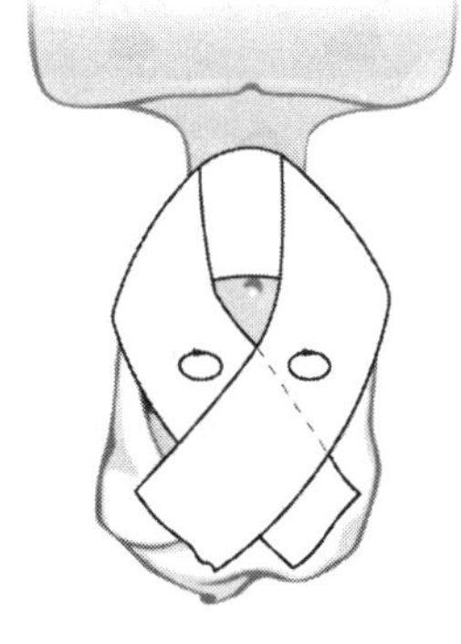

12) 눈 위를 가볍게 돌려준다.

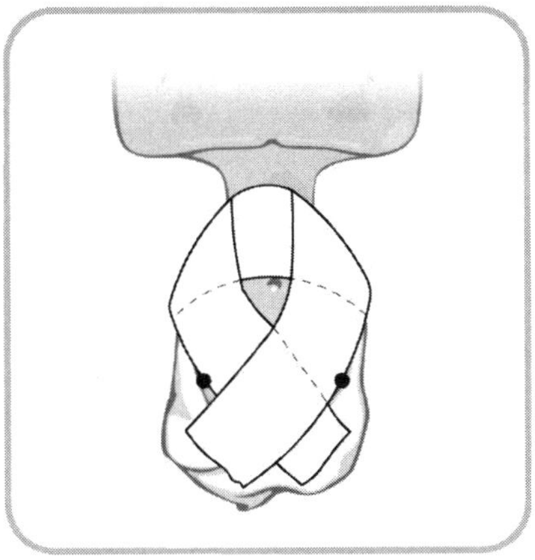

13) 손바닥 한가운데가 관자놀이에 닿게 하여 얼굴을 감싸 쥐듯 안쪽으로 압을 가한다.

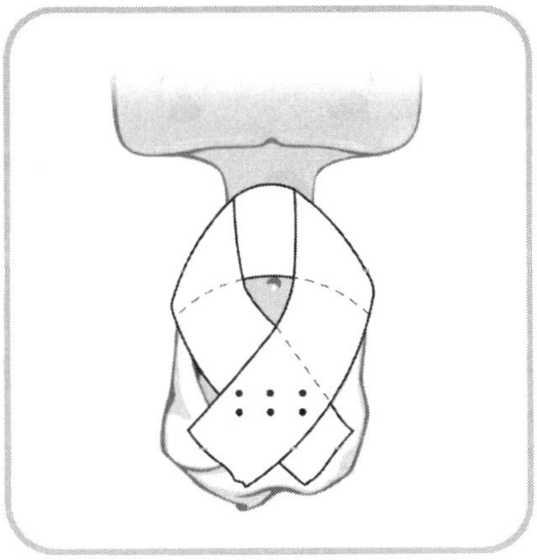

14) 양손을 포개어 이마 한가운데 올려놓고 아래로 서서히 압을 가한다.

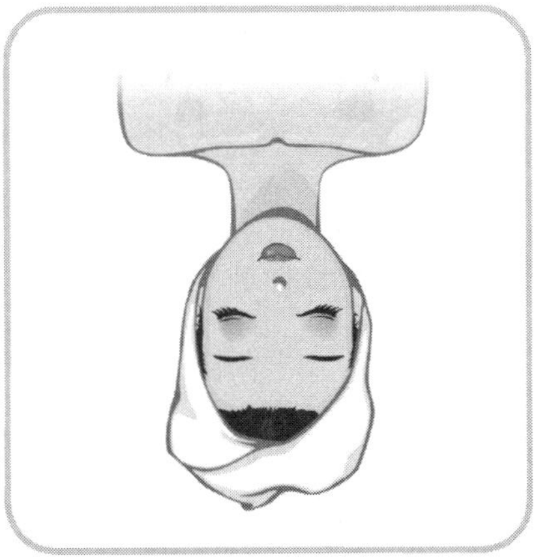

15) 수건을 펼쳐 엄지에 놓고 위에서부터 아래쪽으로 닦아 내린다. 깨끗이 닦아 내리되 타월에 얼굴이 긁혀 상처가 날 수 있으므로 너무 힘주어 세게 닦지 않는다.

해면 응용 동작

5 습포 실습사진 & 설명

• 냉타올 · 온타올의 특징

제 5 절 안면 클렌징 동작

1 목적

메이크업을 지우고 피부청결을 유지하며 피부의 호흡이 원활하게 되어 다음 단계의 피부 관리를 용이하게 한다.

2 준비물

① 피부유형별 클렌징 제품
② 화장솜
③ 티슈
④ 해면스펀지
⑤ 스팀타월

3 실습 절차

① 예비동작 익히기
② 부분 화장 지우기
③ 클렌징 동작 익히기
④ 티슈동작 익히기
⑤ 해면동작 익히기
⑥ 스팀타월 동작 익히기

4 관리 순서

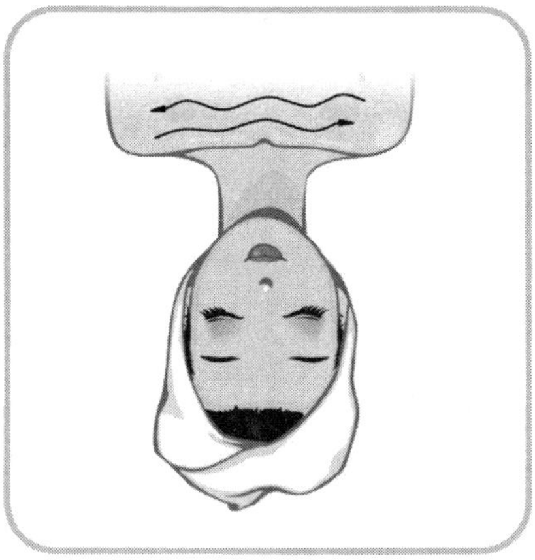

1) decollete 부위를 경찰법으로 6회 쓸어준다.

2) 목 부위를 경찰법으로 가볍게 6회 쓸어준다.

3) 턱 부위를 경찰법으로 가볍게 6회 쓸어준다.

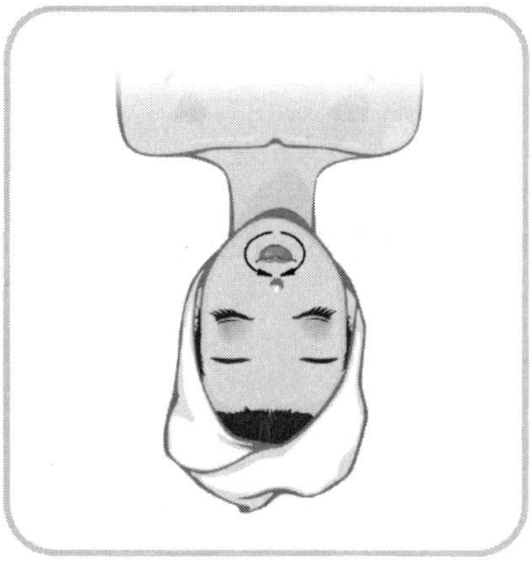

4) 입 주변을 경찰법으로 가볍게 6회 쓰다듬어 준다.

5) 볼 부위를 3등분하고, 손가락 끝을 사용하여 나선형을 그리듯이 문질러 준다. (턱, 입, 코)

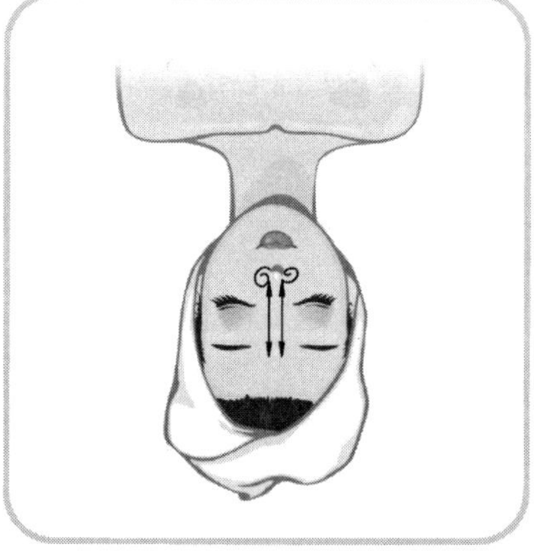

6) 손가락 끝을 사용하여 콧망울을 돌려주고 코 벽 쓸어주기 동작을 왕복하여 시행한다.

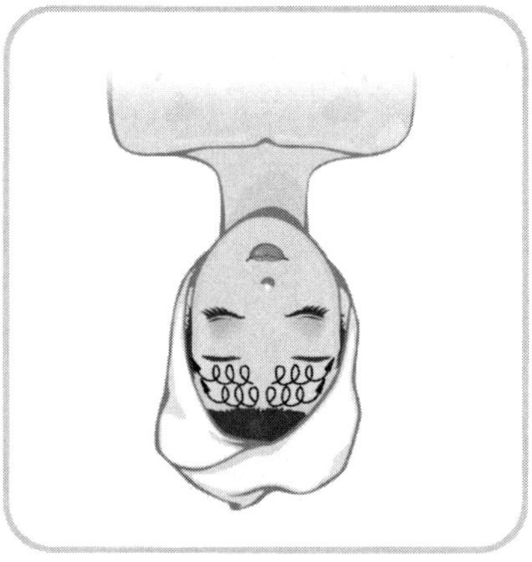

7) 이마부위를 이등분 하여 나선형을 그리듯이 돌려준다.

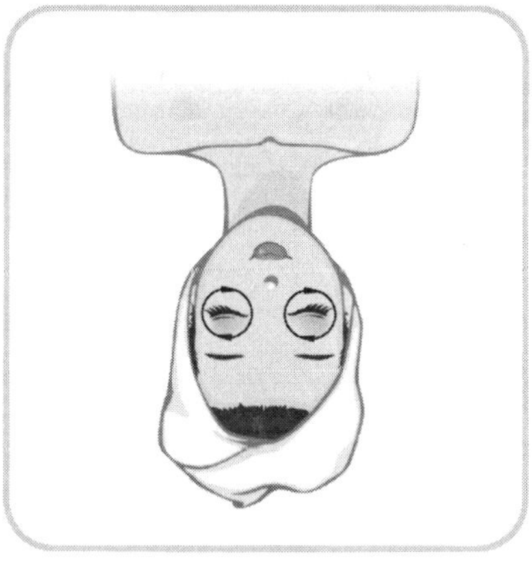

8) 눈 주변을 중지를 사용하여 경찰법으로 가볍게 3회 원을 그려준다.

9) 이마부위를 수근을 사용하여 쓸어 올려준 후 문지르기를 해준다.

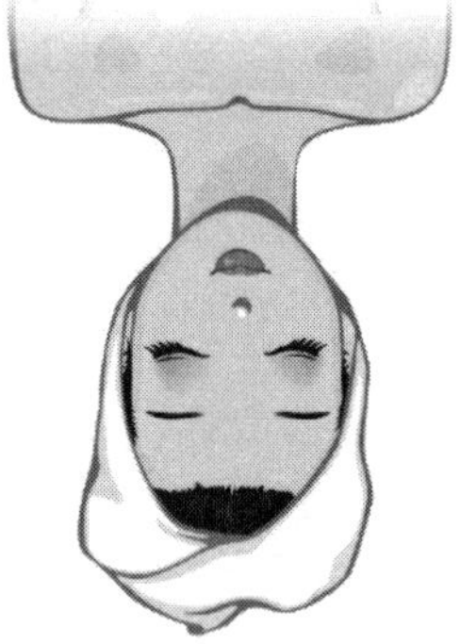

10) 관자부위에서 볼을 감싸준다.

클렌징 응용 동작

• 그림

• 방법

실습하기

1.

2.

3.

제 6 절 화장수 사용

1 목적

클렌징 후의 피부의 pH 밸런스를 유지하고, 피부표면의 잔여물을 제거하기 위한 목적과, 화장수의 성분을 흡수시키기 위한 목적도 있다.

2 준비물

① 피부유형별 화장수
② 화장솜

3 실습절차

① 예비동작 익히기
② 부분 화장 지우기
③ 클렌징 동작 익히기
④ 티슈 사용동작 익히기
⑤ 해면 스펀지 동작 익히기
⑥ 스팀 타월 동작 익히기
⑦ 화장수로 정리하기

4 관리 순서

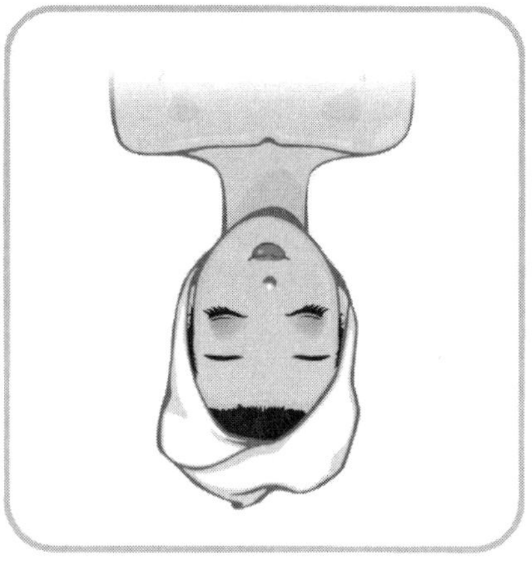

화장솜에 피부타입에 맞는 화장수를 묻혀 한손의 중지에 끼운 후 얼굴을 절반으로 나누어 한 쪽 면씩(이마 – 눈 – 코 – 볼 – 턱 – 목 – 귀)의 순서대로 닦아내듯이 바른다.

클렌징 후에는 닦아내듯이 바르고, 마사지나 팩 후에는 가볍게 두드리듯이 흡수시킨다.

화장수 사용 방법

화장수 사용 방법

1. 한손을 이용하여 바르는 방법

2. 양손을 이용하여 바르는 방법

3. 스프레이 기구를 이용하는 방법

4. 화장수의 종류와 피부타입별 화장수 사용 방법

제 7 절 눈썹정리

1 목적

우선적으로 고객이 눈썹수정을 원할 경우에만 시행되어야 한다. 관리사는 고객의 얼굴형과 현재의 눈썹상태, 눈의 위치, 고객의 취향 등을 고려하여 눈썹 정리를 하도록 한다. 피부미용관리실에서는 칼을 사용할 수 없으므로 족집게를 활용한 눈썹 정리가 능숙해져서 고객이 눈썹정리에 대한 거부감을 갖지 않도록 연습해야 한다.

2 준비물

① 눈썹수정가위
② 족집게
③ 눈썹 브러쉬
④ 아이패드
⑤ 진정화장수

3 실습절차

① 예비동작 익히기
② 부분 화장 지우기
③ 클렌징 동작 익히기
④ 티슈 사용동작 익히기
⑤ 해면 스펀지 동작 익히기
⑥ 스팀 타월 동작 익히기
⑦ 화장수로 정리하기
⑧ 눈썹 알콜로 소독하기

⑨ 눈썹 정리하기
⑩ 진정겔로 정리하기

4 관리 순서

① 족집게, 눈썹 브러쉬, 눈썹 수정가위, 눈썹용 칼 등은 반드시 소독이 된 도구를 사용한다.
② 알코올로 눈썹을 소독한다.
③ 소독된 도구를 이용하여 눈썹이 자란 방향으로 눈썹을 빗어주면서 눈썹 형태를 디자인한다.
④ 불필요한 털들은 가위로 자르고 남은 털은 눈썹용 칼로 제거해준다.
⑤ 눈썹 수정이 끝난 후에는 진정용 화장품(겔)을 이용하여 부위가 진정이 될 때까지 아이패드를 해준다.

5 얼굴 형태에 따른 눈썹모양

① 긴 얼굴
② 사각형 얼굴
③ 계란형 얼굴
④ 둥근 얼굴
⑤ 역삼각형 얼굴
⑥ 삼각형 얼굴

5 눈썹 털 제거 방법

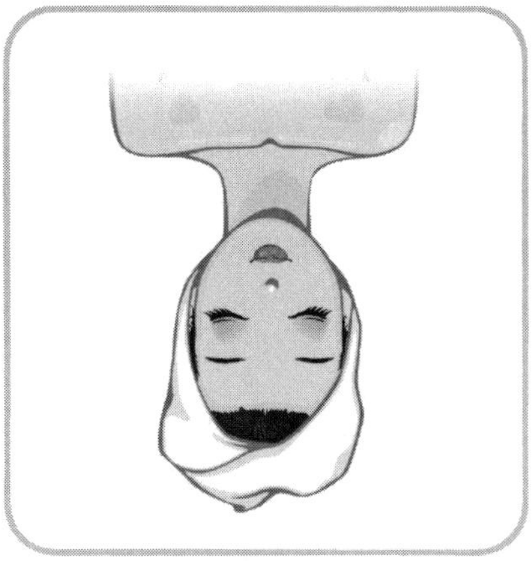

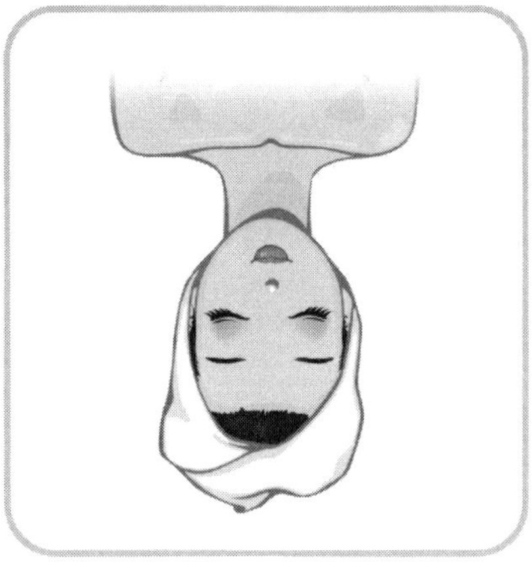

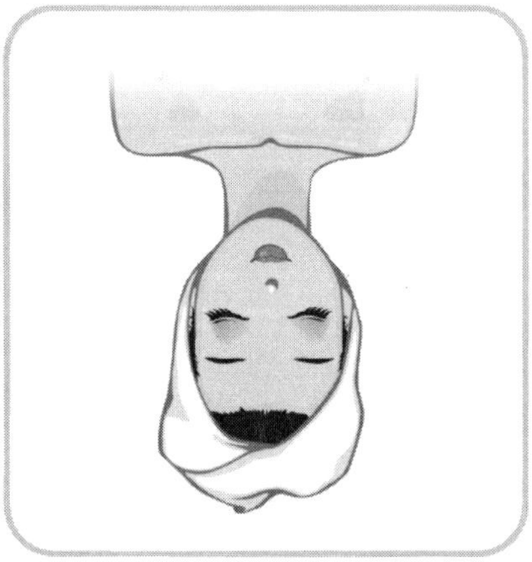

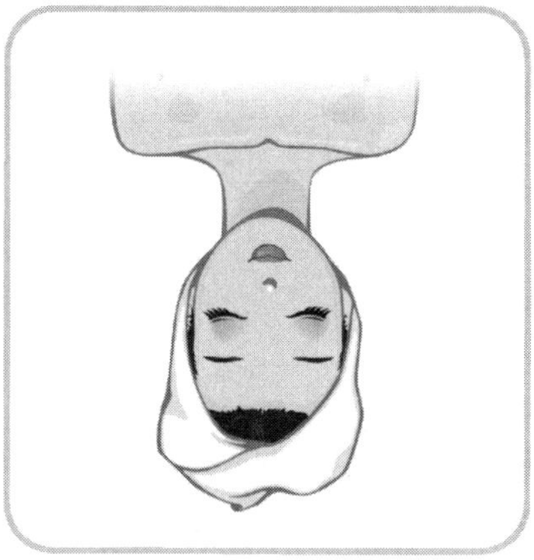

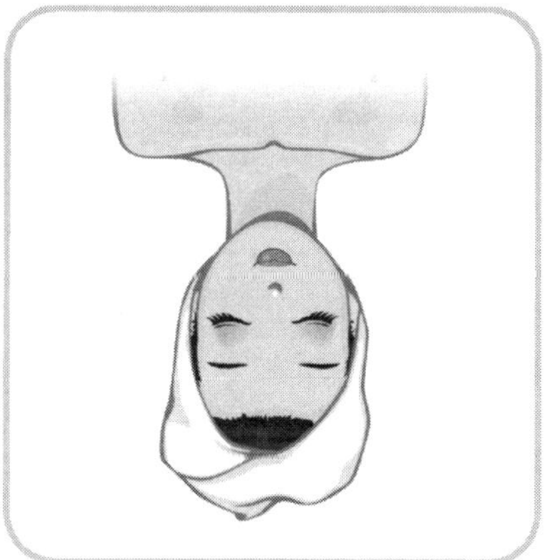

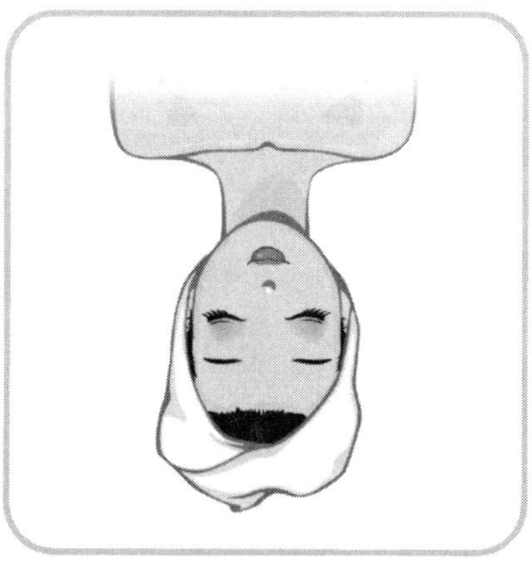

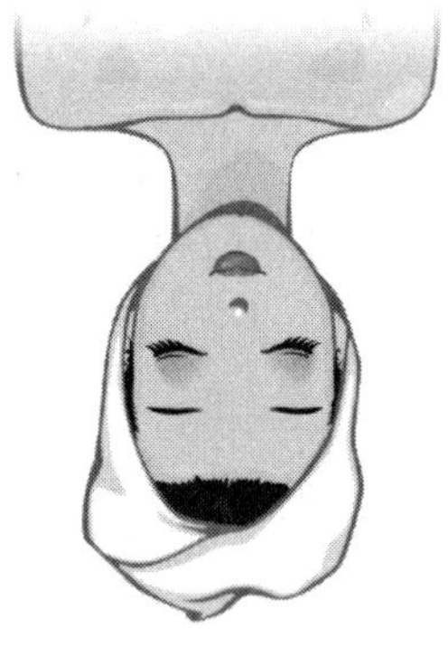

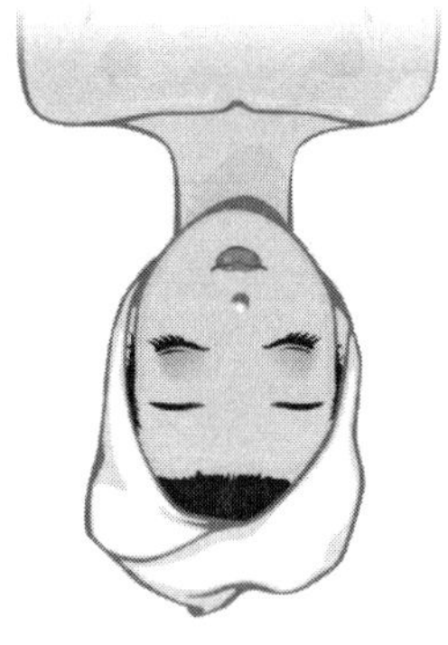

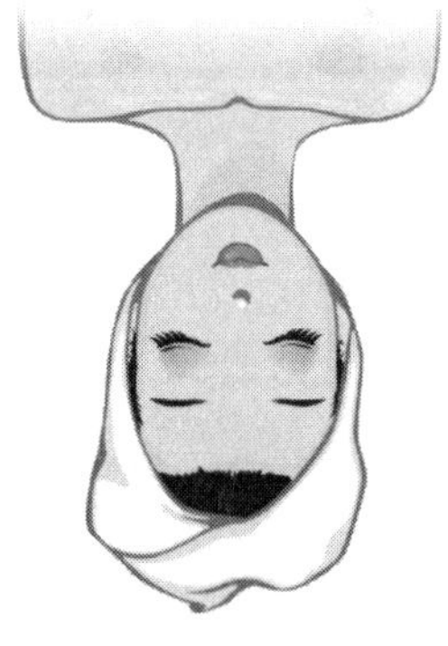

제 8 절 매뉴얼 테크닉

1 정의

마사지라고 하는 과정이다. 매뉴얼 테크닉은 피부에 자극을 가함으로써 피부의 혈액 순환과 노폐물 제거 및 신진대사 촉진이라는 효과와 함께, 신체와 정신의 이완 효과가 있다. 매뉴얼 테크닉의 동작은 경찰법, 강찰법, 유연법, 고타법, 진동법의 다섯 가지 동작을 기본으로 하여 얼굴과 전신에 활용되고 있다. 피부미용관리의 과정 중에서 제일 중요한 과정은 아니지만, 고객에게 가장 강한 인상을 남길 수 있는 과정이다. 피부다듬기의 전체과정에서는 강약이 조절되어야 하며, 리듬, 연속성, 밀착성 등을 고려하여 관리사의 숙련된 기술이 필요하다. 매뉴얼 테크닉의 동작이 모든 피부유형에 같은 방법으로 관리되어서는 안 된다. 그러므로 피부유형, 고객의 연령, 취향에 맞는 강약의 조절 및 동작의 압력, 시간 등이 조절되어야 한다.

2 매뉴얼 테크닉 방법

매뉴얼 테크닉은 밀착성, 강약의 조절, 리듬감, 연속성, 수기동작의 적절성이 중요하다.

1) 경찰법(쓰다듬기)

가볍게 피부에 밀착하여 쓰다듬는 동작이다. 피부표면의 넓은 부분은 손바닥을 이용하여 쓰다듬고, 좁은 부분은 손가락을 이용하여 부드럽게 쓸어주는 동작이다. 지각신경을 가볍게 자극하며, 매뉴얼 테크닉 동작의 처음과 끝 동작에서 많이 활용되는 동작이다.

2) 강찰법(문지르기)

피부표면을 문지르는 동작이다. 경찰법보다는 약간 강하게 쓰다듬는다는 느낌이다. 소혈관의 흐름을 좋게 하고, 신진대사를 촉진한다는 장점이 있다.

3) 유연법(반죽하기)

피부나 근육을 주무르는 동작이다. 반죽한다는 느낌으로 손가락이나 수근 등을 사용하여 피부 노폐물이 잘 배출될 수 있도록 하는 동작이며, 얼굴보다는 전신관리에서 주로 피하지방층의 분해 등의 동작으로 많이 활용된다.

4) 고타법(두드리기)

두드리는 동작이다. 손바닥이나 손의 측면을 활용하고 너무 자극이 되지 않도록 해야 한다. 근육의 수축을 높이고 신경기능의 조절 및 혈관을 자극해서 혈행을 좋게 한다.

5) 진동법(떨기)

피부를 진동시키는 방법이다. 혈액의 흐름을 원활하게 한다.

제 9 절 얼굴부위 매뉴얼 테크닉

1 목적

앞 단원에서는 어깨부위 매뉴얼테크닉에 대하여 손동작 연습을 하였다.
얼굴 부위 매뉴얼 테크닉은 어깨부위에서의 매뉴얼 테크닉보다는 부드럽게 해야 하며, 고객의 표정도 함께 살펴가며 시행되어야 한다. 또한 눈에 오일이나 크림이 들어가지 않도록 해야 한다. 앞에서도 말했듯이 매뉴얼 테크닉은 피부미용 전 관리에서 가장 중요한 단계라고 말할 수는 없지만, 관리사의 손동작의 기법이 가장 많이 고객에게 전달되는 과정이므로 손동작에 대하여 많은 연습을 해야 한다.

2 준비물

① 매뉴얼 테크닉 오일
② 크림
③ 화장수
④ 티슈
⑤ 해면 스팀타월
⑥ 화장솜

3 실습절차

① 예비동작 익히기
② 부분 화장 지우기
③ 클렌징 동작 익히기
④ 티슈정리
⑤ 해면 스펀지 사용
⑥ 스팀타월 사용
⑦ 화장수로 정리하기
⑧ 눈썹 정리하기
⑨ 화장수로 정리하기
⑩ 어깨부위 매뉴얼 테크닉
⑪ 얼굴부위 매뉴얼 테크닉
⑫ 티슈정리
⑬ 해면 스펀지 사용
⑭ 스팀 타월 사용
⑮ 화장수로 정리하기

매뉴얼 테크닉 동작의 특징 및 방법

1. 경찰법이란?

2. 강찰법이란?

3. 유연법이란?

4. 고타법이란?

5. 진동법이란?

6. 매뉴얼 테크닉 시 주의사항은?

4 관리 순서

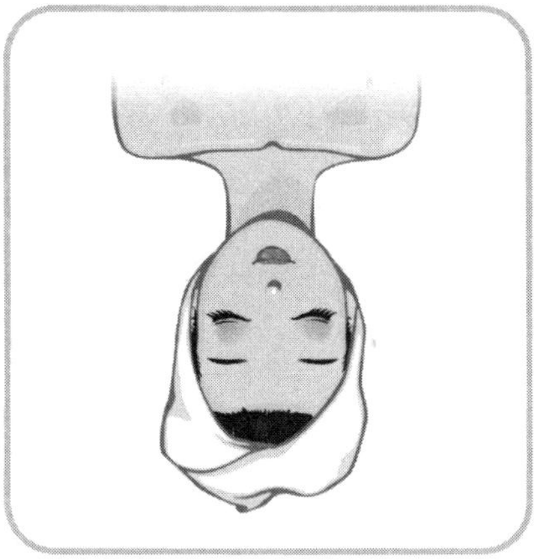

1) 매뉴얼 테크닉에 사용할 크림 적당량을 덜어 손바닥 위에서 체온으로 차가운 기운을 없애 준다.

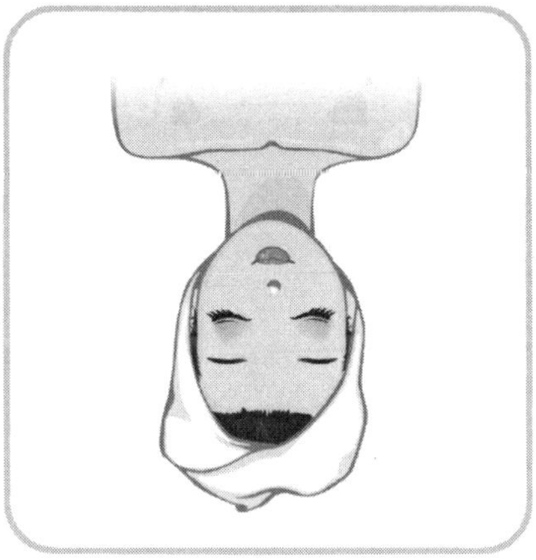

2) 얼굴과 목 부위에 도포한다.

3) 양손을 번갈아 가며 목을 쇄골부위부터 얼굴 쪽으로 쓰다듬어 올려준다.

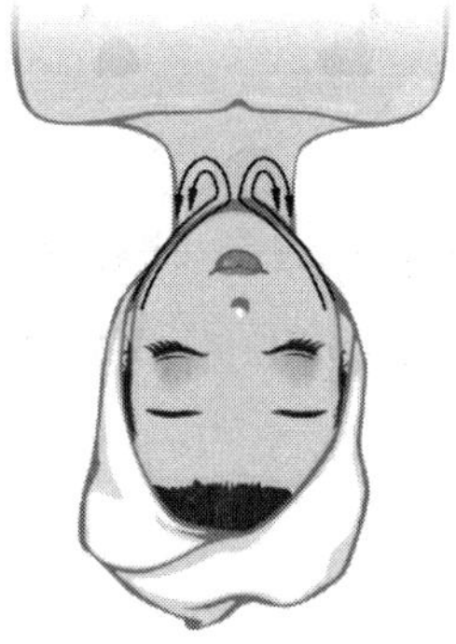

4) 2지 3지를 한손씩 교대로 귀 뒤부터 턱 쪽으로 턱 선을 감싸고 부드럽게 내려와 목 부분을 중앙에서 바깥쪽으로 쓰다듬어 귀 뒤쪽까지 올려준다.

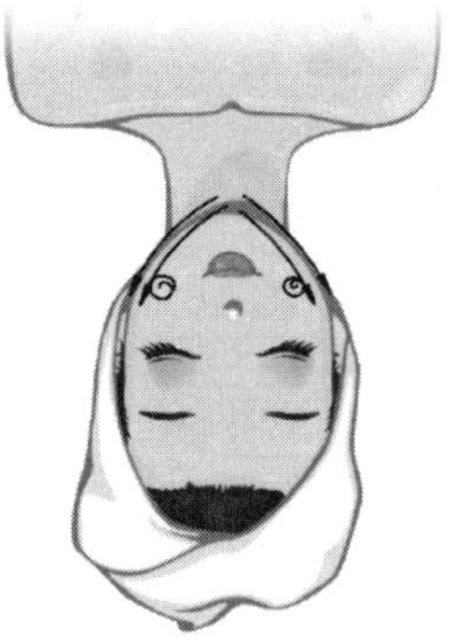

5) 2지 3지로 턱 선을 잡아주며 한손씩 교대로 턱 중앙에서 귀 쪽으로 쓸어 올려 준 후 양손 같이 손가락 끝으로 교근을 원 그리기 동작으로 풀어준다.

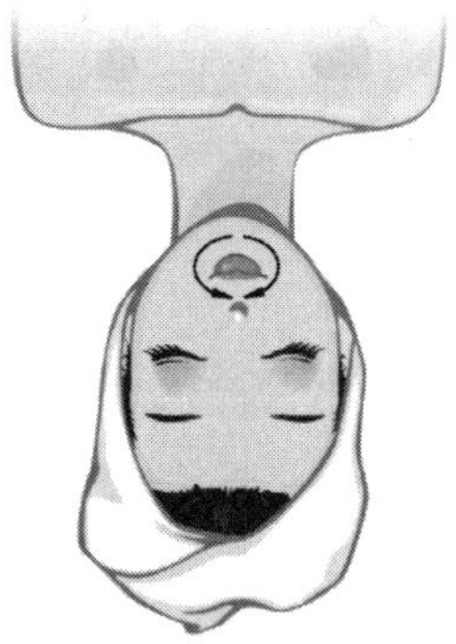

6) 3, 4지 손가락 끝부분으로 입 주변 구륜근을 원형으로 문질러 주면서 인중에서 가볍게 압을 준다.

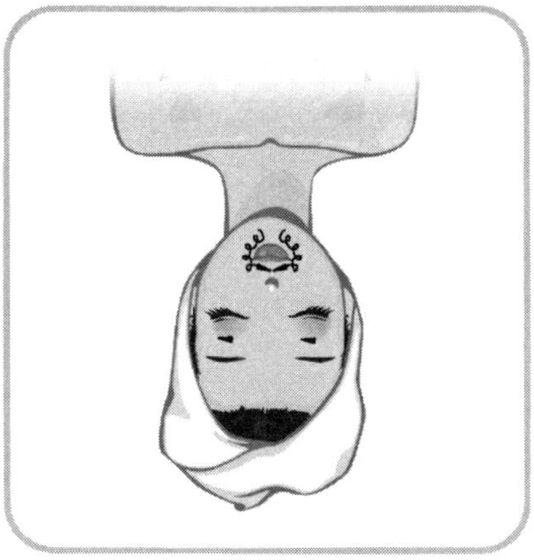

7) 3, 4지로 입 주변 나선형 그리며 턱~인중 까지 올라온다.

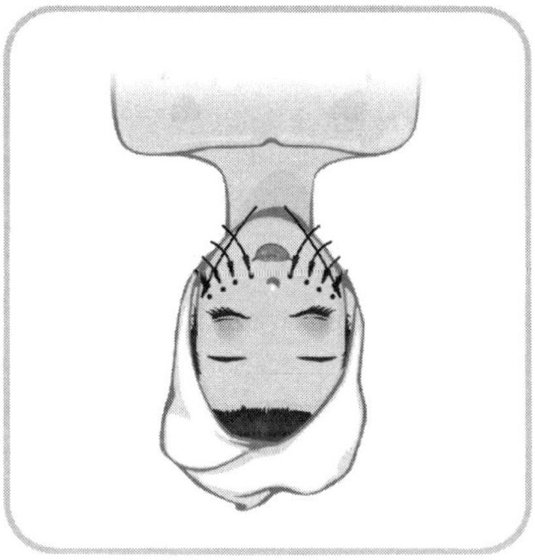

8) 양손 같이 손을 밀착시켜 턱 중앙에서 귀 앞까지 뺨을 쓸어 올린 후 4지를 일정 간격으로 벌려 아래턱부터 끌어올려 영향, 거료, 권료 청궁 부위를 압한다.

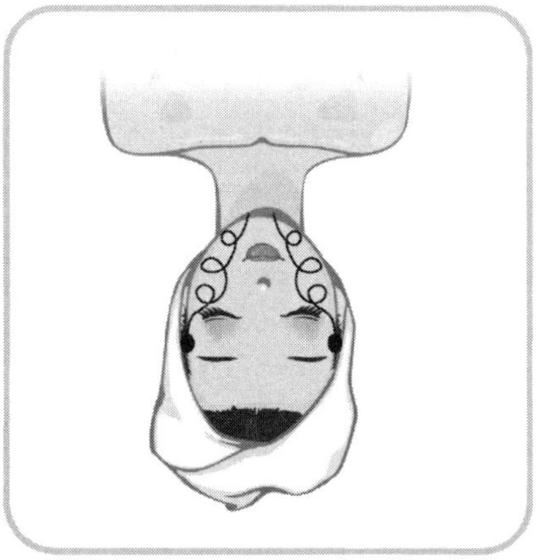

9) 양손 같이 최대한 밀착하여 볼 전체를 나선형으로 문지르며 관자까지 올라가 관자부위 압을 가한다.

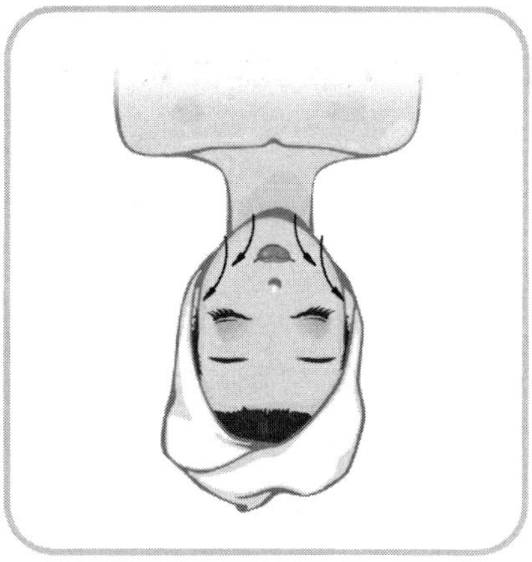

10) 양 볼을 동시에 바이브레이션 한다.

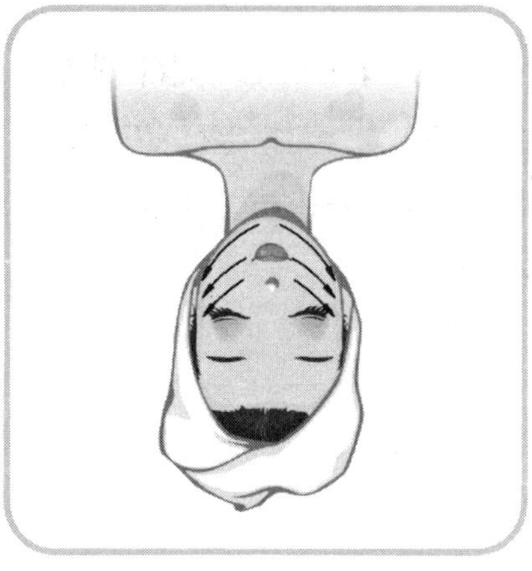

11) 오른손 2지, 3지로 오른쪽 턱 선을 감싸며 귀 쪽으로 부드럽게 쓰다듬고 왼손은 턱 중앙부터 밀착하여 오른손을 따라 아래 뺨을 쓰다듬어 준다. 다시 오른손 2지, 3지로 승장과 인중을 살짝 압하고 귀 쪽으로 쓰다듬으며, 왼손은 입술 옆부터 왼손을 따라가며 볼을 쓰다듬어 준다. 같은 방법으로 왼쪽 반복한다.

12) 한손씩 교대로 face line 한 면씩 쓸어 올려 준다.

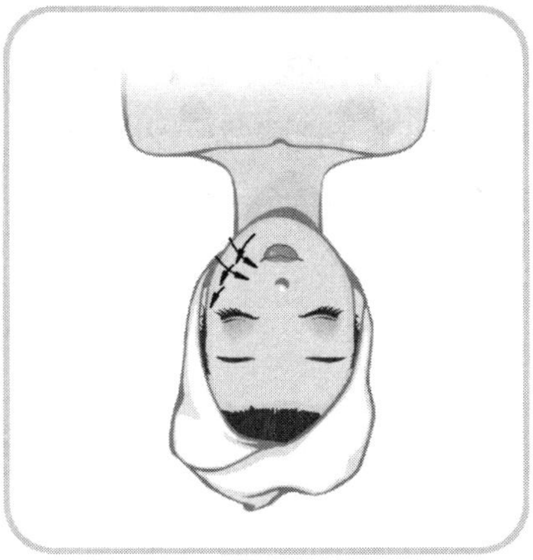

13) 한 쪽 볼에 양손 같이 교차하여 바이브레이션 한다.

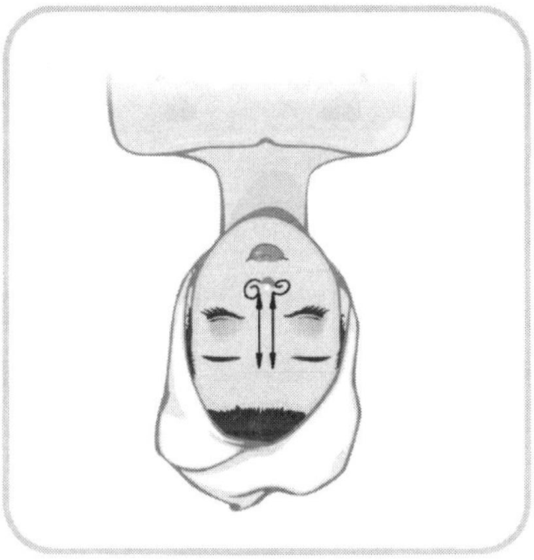

14) 3지로 콧 망울을 둥글게 문지르고 콧등에서 헤어라인까지 왕복해서 쓸어준다.

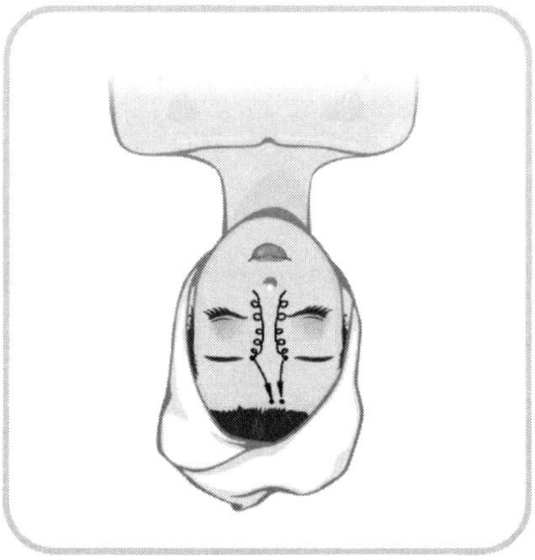

15) 3지로 나선형으로 영향～코벽～눈동자 앞머리 아래까지 촘촘히 작은 원을 그려 주면서 문지르며 올라와 찬죽과 이마 끝에서 압을 준다.

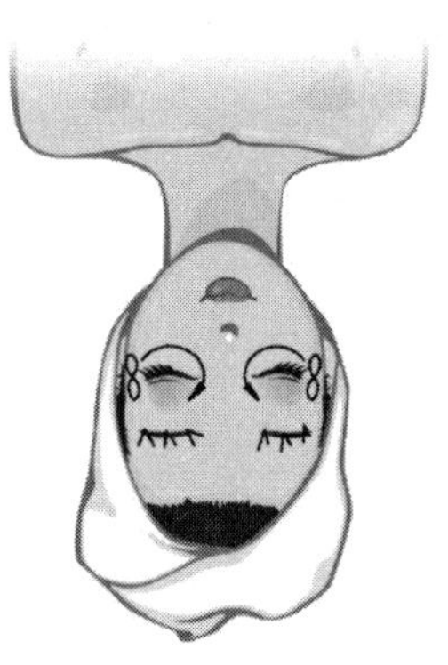

16) 안와외측부위 뼈의 형태에서 중간 팔자를 그려준 후 눈 아래 바깥쪽에서 안쪽으로 돌아 올라와 모지와 2지로 눈썹을 3등분해 집어준다.

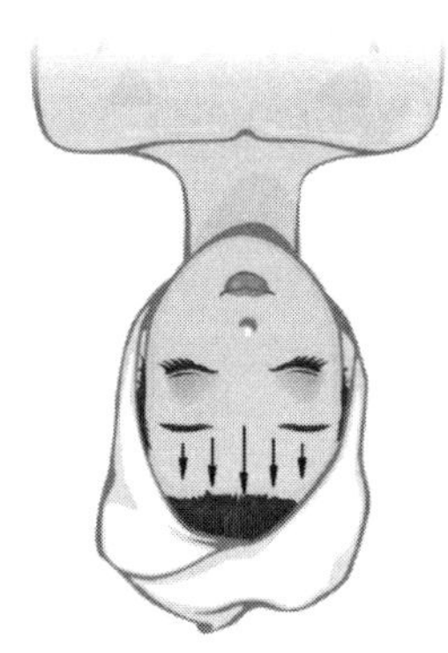

17) 손바닥을 밀착하여 이마를 전체적으로 쓸어 올려준다.

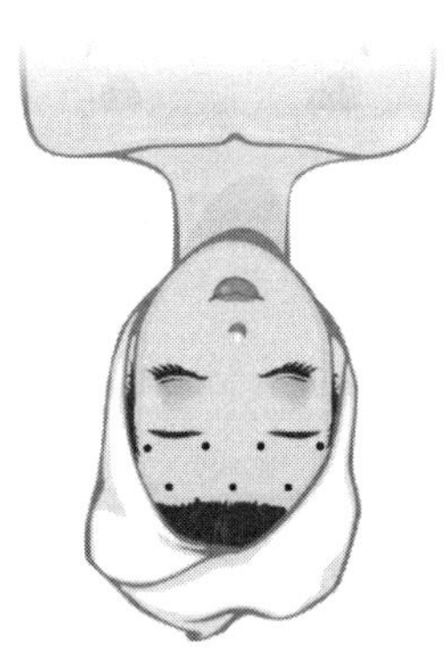

18) 이마 신정~본신~찬죽~사죽공 부위 지그재그 압을 준다.

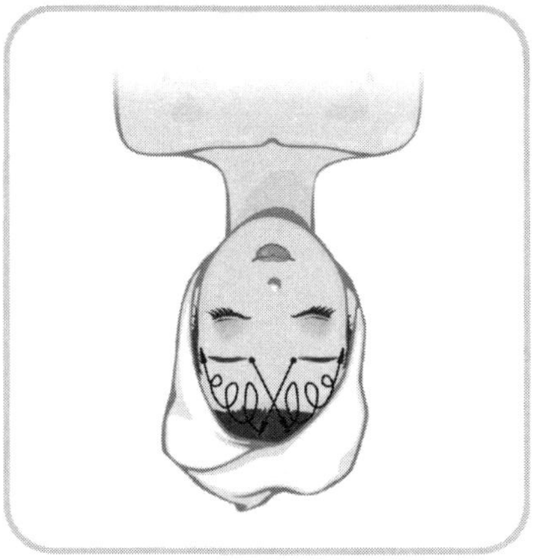

19) 오른손 3지로 왼쪽 찬죽을 압하고 대각선방향으로 교차해서 이마 끝 부위를 압한다. 왼손 반복 후 양손 같이 이마를 나선형으로 문지르고 관자에서 지그시 압한다.

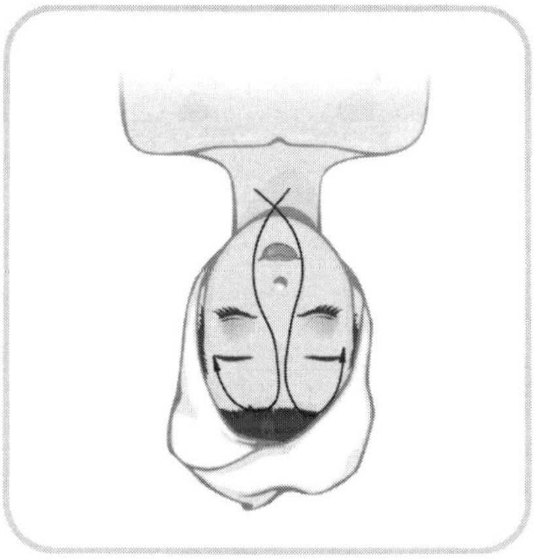

20) 양손 깍지 껴서 턱 선을 들어주고 손 척골면으로 얼굴 중앙으로 올라와 이마를 중앙에서 바깥쪽으로 손을 밀착하여 쓸어준다.

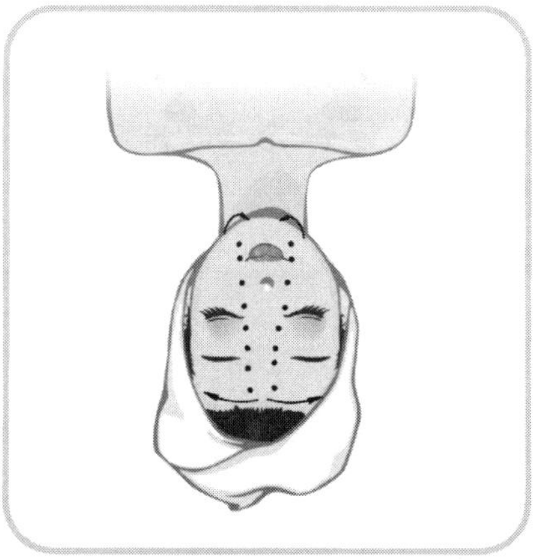

21) 양손 같이 얼굴 옆으로 내려가 아래 뺨과 턱 부위를 살짝 튕겨준 후 얼굴 위로 지나 이마를 중앙에서 바깥쪽으로 손을 밀착하여 쓸어준다.

22) 눈 주위 원 그리며 동자료 부위를 살짝 압한다.

23) 눈 주위 전체를 팔자 모양으로 압한다.
(정명 – 찬죽 – 관자 – 정명 – 찬죽 – 관자)

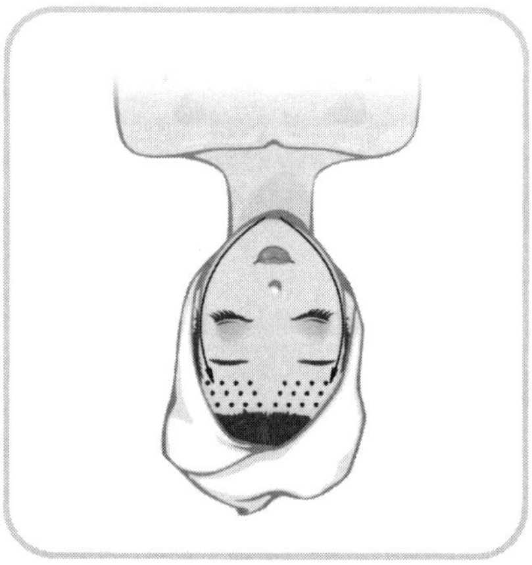

24) 양손 같이 얼굴 옆선을 턱 ~ 귀앞 ~ 이마까지 전체적으로 쓸어 올린 후 이마를 3등분하여 압한다.

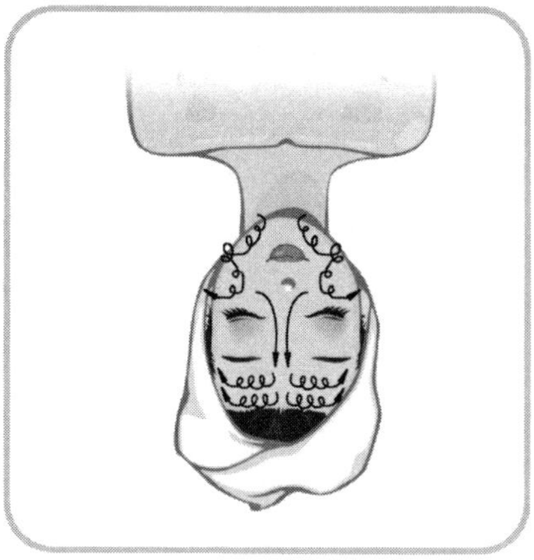

25) 각권법으로 얼굴 전체를 부드럽게 굴려 준다.

26) 양손을 얼굴 중심에서 외곽으로 펴서 쓰다듬는다.

27) 2지, 3지 또는 3지, 4지를 이용하여 볼～턱～이마중심 부위의 노폐물을 유찰법으로 짜준다.

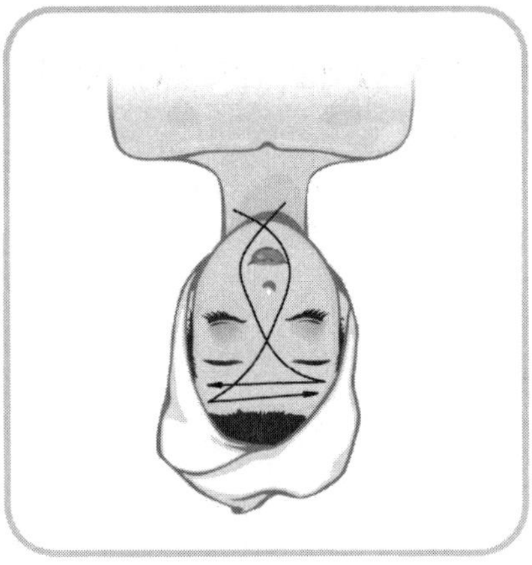

28) 한 손씩 턱～코옆～이마를 Z형태로 틀을 잡아 이마를 전체적으로 쓸어준다.

29) 얼굴 전체를 양손으로 두드려 영양 물질의 피부 침투를 돕는다.

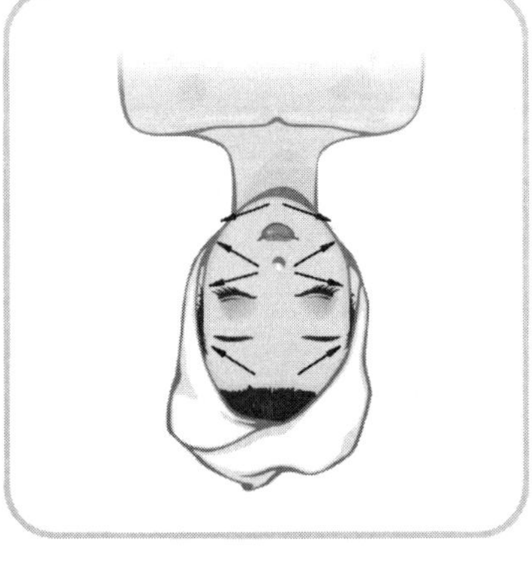

30) 얼굴을 이등분하여 외곽으로 쓰다듬어 진정 시킨다.

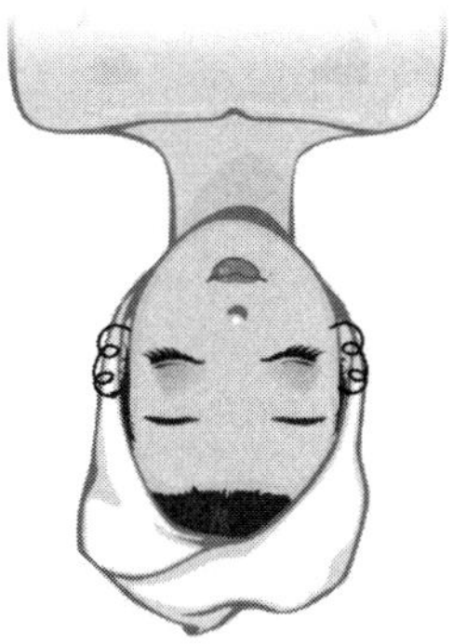

31) 귀 전체를 부드럽게 문지른다.

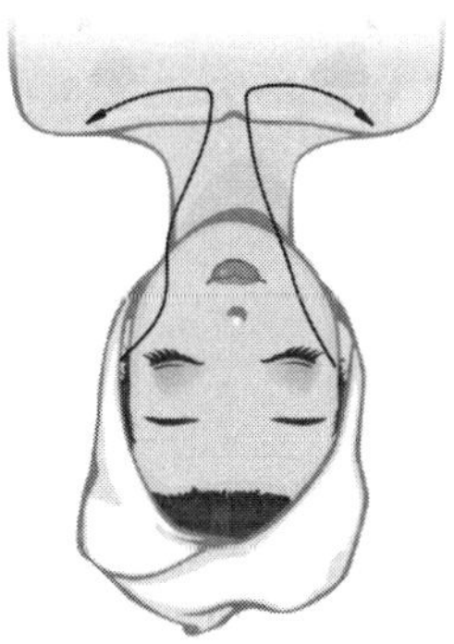

32) 양손 같이 목 옆선을 타고 내려와 가슴 중앙에서 어깨 쪽으로 부드럽게 쓰다듬으며 마무리한다.

얼굴관리 응용하기

제 10 절 데콜테 매뉴얼 테크닉

1 목적

고객의 얼굴에 팩 또는 마스크를 발라놓고 데콜테 관리를 한다. 단, 석고마스크는 깨질 수 있으므로 실시하지 않는다.

2 관리과정

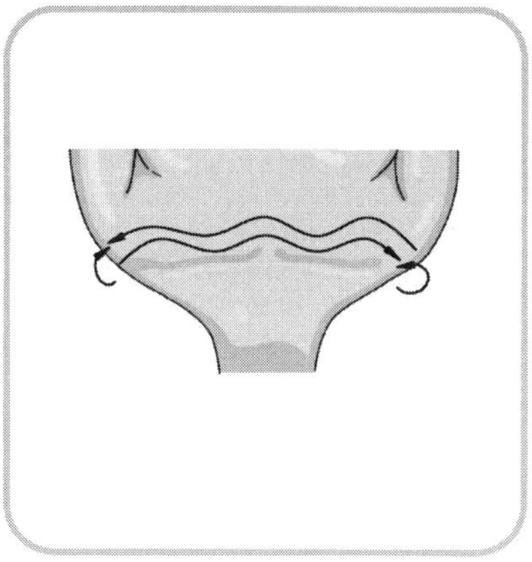

1) 손을 가슴과 수평으로 놓고, 쇄골 아래를 밀착시켜서 쓸어준다. 오른손 왼손 번갈아 6회 실시한다.

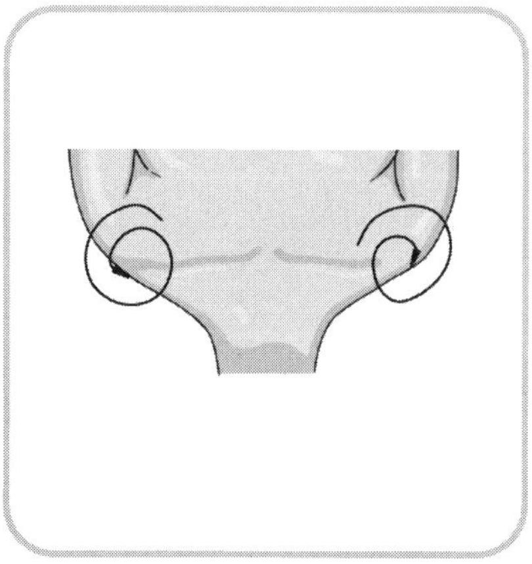

2) 손바닥을 양 어깨에 밀착시켜 어깨를 크게 돌린다. 이때, 엄지는 몸에서 떨어지지 않도록 한다. 6회 실시한다.

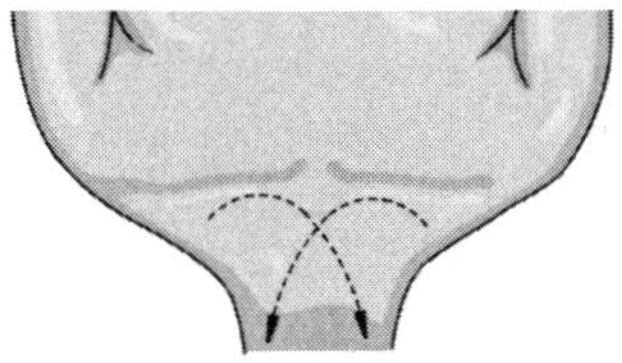

3) 한 손씩 번갈아 목뒤를 크게 쓸어준다. 경추가 시작되는 곳으로 목과 수직이 되게 들어가 경추가 끝나는 곳을 쓸고 나온다. 양손 각 3회씩 실시한다.

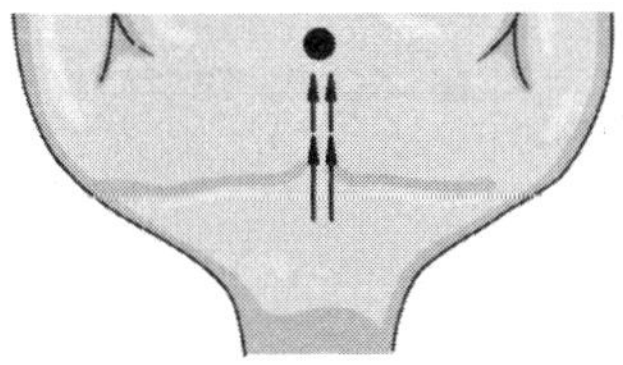

4) 양손을 어깨와 수평으로 놓고 가슴 한가운데를 향해 손을 밀착시켜 쓸어준다. 두 손을 모아 가슴 한가운데를 지그시 눌러준다.

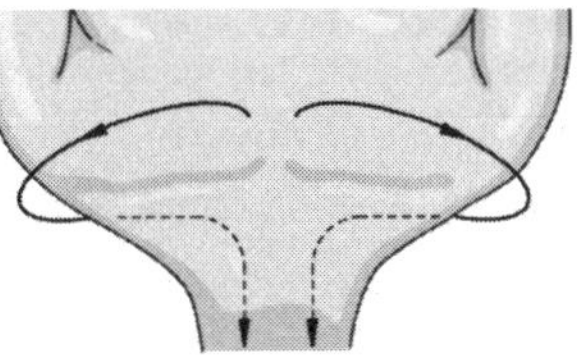

5) 눌렀던 힘 그대로 어깨까지 내려와 어깨뼈에서 힘을 빼고 어깨를 크게 쓸어 손을 목뒤에 둔다.

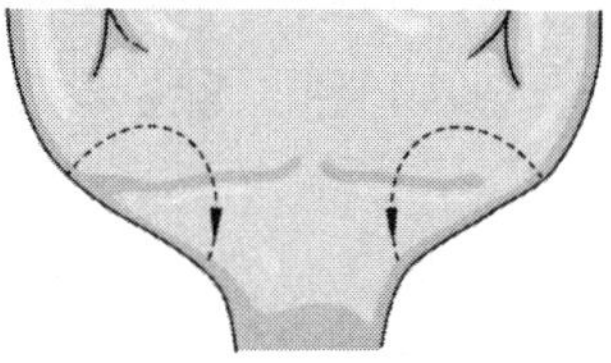

6) 목 뒤의 네 손가락으로 승모근을 돌려준다. 이때, 엄지손가락으로 고객을 찌르거나 내려 누르지 않도록 유의한다.

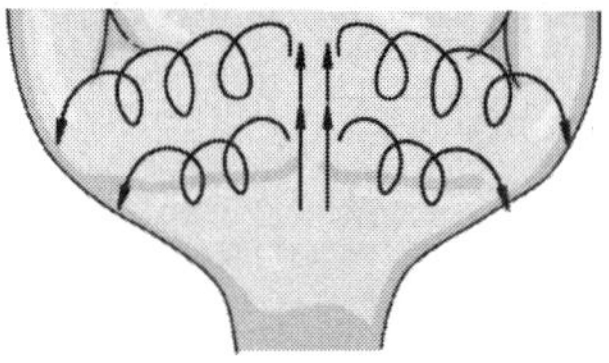

7) 양손을 어깨에 수평이 되게 놓고 쇄골뼈 아래까지 부드럽게 쓸어내린다. 내린 그 상태로 나선을 6～8회 그리며 조금씩 옆으로 이동한다.

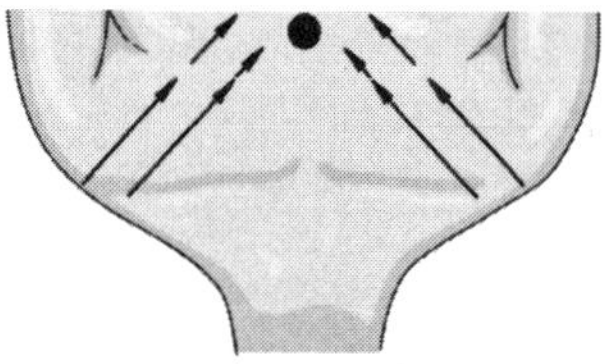

8) 양 어깨에서 가슴 쪽으로 양손을 밀착하여 쓸고 가슴 한가운데를 양손을 포개어 지그시 누른다.

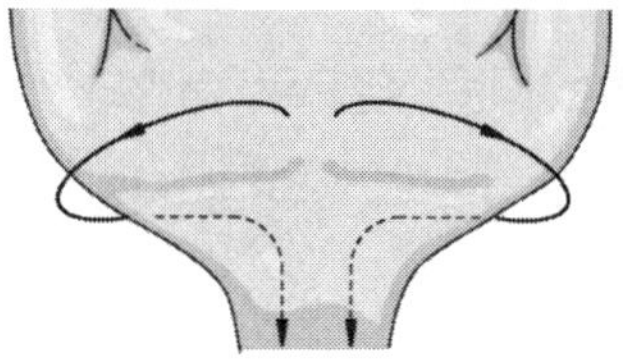

9) 가슴을 눌렀던 힘 그대로 어깨까지 내려와 어깨뼈에서 힘을 빼고 어깨를 크게 쓸어 손을 목뒤에 둔다.

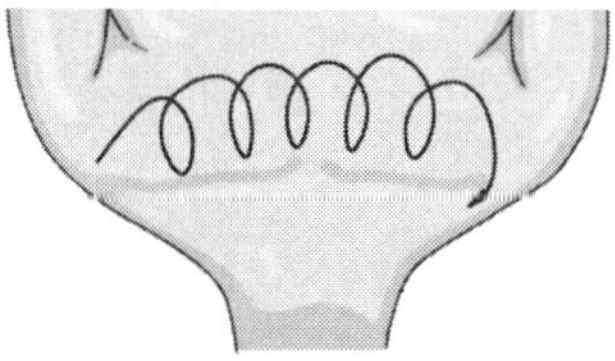

10) 오른손을 왼쪽가슴 위에 손등이 위로 오도록 올려놓고, 그 위에 왼손을 주먹 쥐어 올려놓는다. 왼쪽에서 오른쪽으로 나선을 6~8회 그리며 이동한다. 오른쪽 어깨와 쇄골뼈 사이를 오른손 새끼손가락쪽 면으로 지그시 누른다.

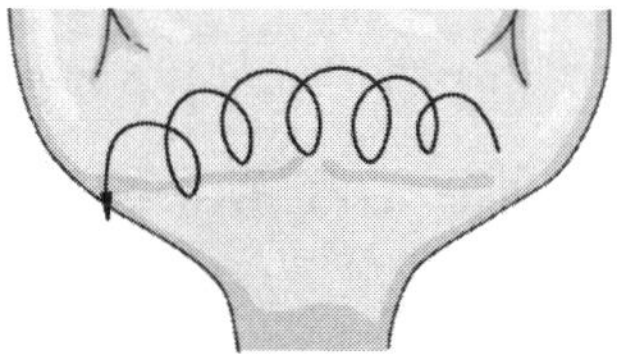

11) 손을 바꿔 왼손을 오른쪽 가슴위에 올려놓고, 오른손을 주먹 쥐어 왼손 위에 올린다. 오른쪽에서 왼쪽으로 나선을 6 ~ 8회 그려 이동하고, 왼손 새끼손가락쪽 면으로 왼쪽 어깨와 쇄골뼈 사이를 지그시 누른다. 10)~11)을 3회 실시한다.

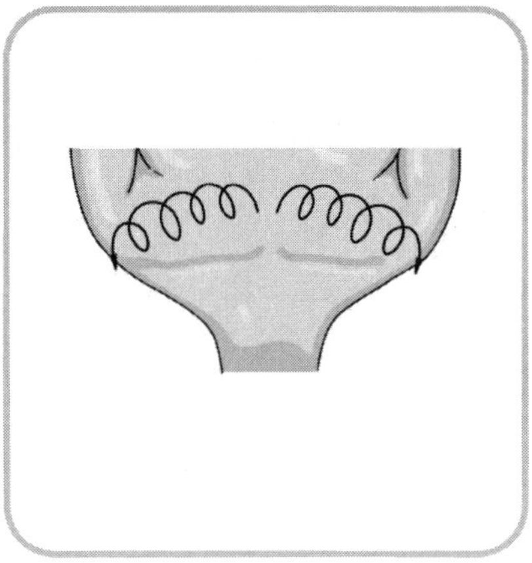

12) 양손을 주먹 쥐어 가슴 한가운데에 올려놓고 바깥쪽으로 나선을 6～8회 그리며 이동한다. 양 새끼손가락쪽 면으로 어깨와 쇄골뼈 사이를 지그시 누른다. 3회 실시한다.

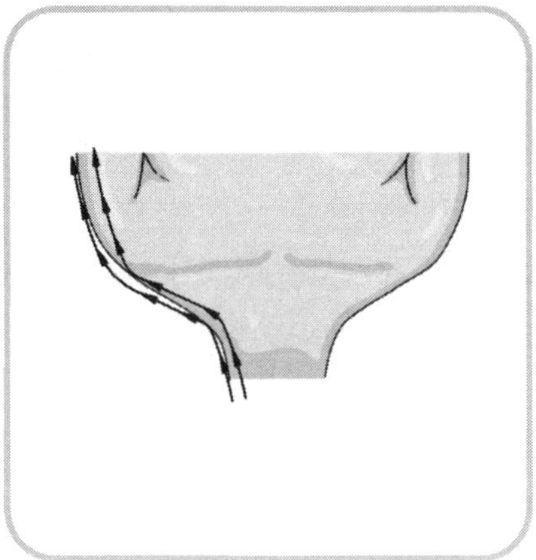

13) 머리가 돌려진 상태에서 목 옆선에서부터 어깨, 팔 윗부분까지 손바닥을 완전히 밀착시켜 쓸어내린다. 양손 각 3회씩 실시한다.

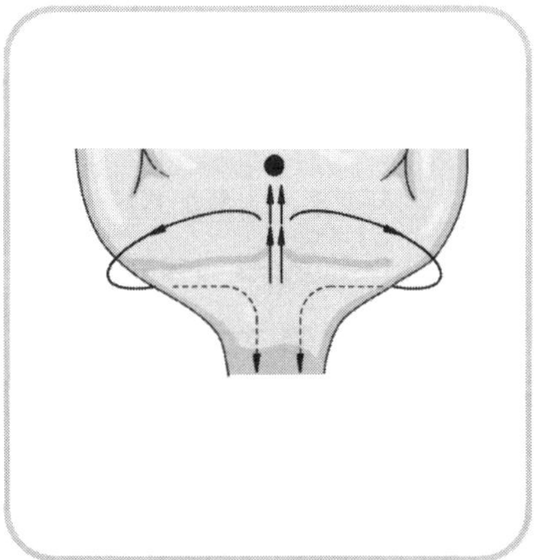

14) 양손을 가슴 한가운데를 향하여 쓸어 두 손을 모아 가슴 한가운데를 지그시 눌러준다. 누른 힘 그대로 어깨까지 내려와 어깨뼈에서 힘을 빼고 어깨를 크게 돌아 손을 목 뒤에 둔다.

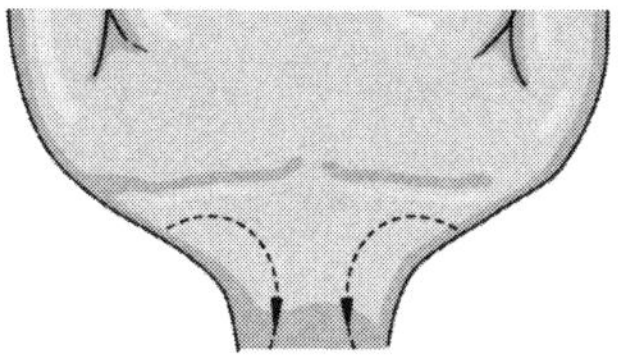

15) 목 뒤의 네 손가락으로 승모근을 돌려준다.

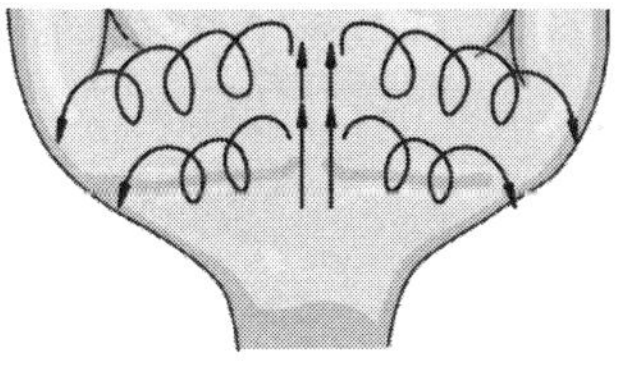

16) 양손을 어깨에 수평이 되게 놓고 쇄골뼈 아래까지 부드럽게 쓸어내린다. 내린 그 상태로 나선을 6~8회 그리며 조금씩 옆으로 이동한다.

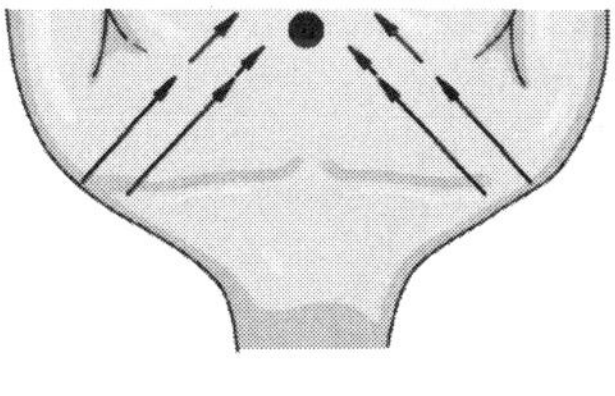

17) 양손을 가슴 한가운데를 향하여 손을 완전히 밀착시켜 쓴다. 양손을 모아 가슴 한가운데를 지그시 누른다.

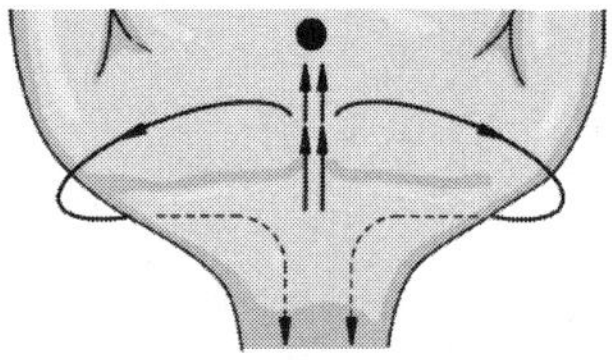

18) 누른 힘 그대로 어깨까지 내려와 어깨뼈에서 힘을 빼고 어깨를 크게 돌아 엄지손가락을 제외한 나머지 손가락들을 목 뒤에 둔다.

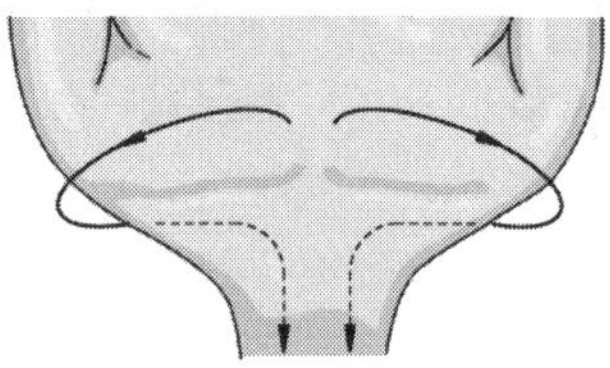

19) 가슴 중앙 ~ 어깨 ~ 목을 부드럽게 쓰다듬어 마무리한다.

데콜테

• 사진

• 설명

데콜테 관리과정

• 사진

• 동작 및 특징

1.

2.

3.

4.

5.

6.

제 11 절 마무리 과정

1 목적

피부 관리실에서 오랜 시간 누워서 관리를 받은 고객의 근육과 관절의 피로를 풀어 주고, 관리가 끝나가고 있음을 알리는 신호이기도 하다.

2 실습절차

① 예비동작 익히기
② 부분 화장 지우기
③ 클렌징 동작 익히기
④ 티슈정리
⑤ 해면 스펀지 사용
⑥ 스팀 타월 사용
⑦ 화장수로 정리하기
⑧ 눈썹 정리하기
⑨ 화장수로 정리하기
⑩ 어깨부위 매뉴얼 테크닉
⑪ 얼굴 매뉴얼 테크닉
⑫ 티슈 정리
⑬ 해면 스펀지 사용
⑭ 스팀타월 사용
⑮ 화장수로 정리하기
⑯ 팩, 마스크 바르기
⑰ 해면, 스팀 타월 사용하기
⑱ 화장수, 보호크림 바르기

3 관리 순서

① 화장수로 피부결을 정돈한다.

② 피부타입에 맞는 앰플을 잘 흡수시켜 바른다.

③ 눈가에는 아이크림을 바르고 다른 부위에는 피부타입에 맞는 영양크림을 바른다.

④ 외출 시에는 그 위에 선크림을 바르고 Make-up을 한다.

피부 관리 계획표

1. 얼굴피부 관리방안(지성피부)

얼굴존	피부타입
• T–존	
• U–존	
• 목부위	
기타	

2. 팩 사용을 위한 부위별 피부상태(타입)

얼굴존	피부타입
• T–존	
• U–존	
• 목부위	

3. 딥클렌징 사용제품

4. 마스크

※ 기타 유의 사항

• 관리계획표상의 클렌징, 매뉴얼 테크닉용 화장품은 본인이 시험장에 사용하는 제품의 제형을 기준으로 하시오.

피부 관리 계획표	
1. 얼굴피부 관리방안(건성피부)	
얼굴존	피부타입
• T－존	
• U－존	
• 목부위	
기타	
2. 팩 사용을 위한 부위별 피부상태(타입)	
얼굴존	피부타입
• T－존	
• U－존	
• 목부위	
3. 딥클렌징 사용제품	
4. 마스크	
※ 기타 유의 사항	

• 관리계획표상의 클렌징, 매뉴얼 테크닉용 화장품은 본인이 시험장에 사용하는 제품의 제형을 기준으로 하시오.

피부 관리 계획표

1. 얼굴피부 관리방안(복합성피부)	
얼굴존	피부타입
• T–존	
• U–존	
• 목부위	
기타	

2. 팩 사용을 위한 부위별 피부상태(타입)	
얼굴존	피부타입
• T–존	
• U–존	
• 목부위	

3. 딥클렌징 사용제품

4. 마스크

※ 기타 유의 사항

• 관리계획표상의 클렌징, 매뉴얼테크닉용 화장품은 본인이 시험장에 사용하는 제품의 제형을 기준으로 하시오.

참고문헌

최신 피부미용학, 김춘자, 훈민사

베이직에스테틱, 현경화, 훈민사

피부미용학, 김유정 외, 구민사

기초 피부관리 실습, 박경선 외, 구민사

피부과학, 김기연 외, 수문사

기초 해부생리학, 강경희, 정담미디어

피부미용관리사, 한국피부미용연구원, 한국피부미용연구학회

http://www.ncs.go.kr

http://www.q-net.or.kr

저자약력

현경화

서정대학교 교수
한국뷰티산업진흥원 원장
한국피부미용연구학회 회장
한국산업인력공단 실기감독위원
한국산업인력공단 서울동부지방사무소 기관운영 자문위원
한국뷰티산업발전포럼실무협의회 위원
경상북도기능경기위원회
2010년도 경상북도 기능경기대회 피부부문 심사장
보건복지부 뷰티산업진흥협의회 실무협의회 위원
2011 대한민국뷰티디자인엑스포 조직위원
노동부국가기술자격정책심의위원회 (미용)전문위원
한국피부미용연구학회 회장
한국직업능력개발원 e-Learning 심사위원
2012 ~ 2015 서울인터내셔널뷰티컨테스트 대회장
2013 오송화장품뷰티세계박람회 조직위원
2030 서울플랜수립추진위원회 산업일자리분과 위원

기본 피부관리 실습

초판 인쇄	2015년 12월 20일
초판 1쇄 발행	2015년 12월 23일
초판 2쇄 발행	2017년 2월 15일
초판 3쇄 발행	2021년 2월 10일

저 자	**현경화**
발 행 인	**조규백**
발 행 처	도서출판 **구민사** (07293) 서울특별시 영등포구 문래북로 116, 604호(문래동3가 46, 트리플렉스)
전 화	(02) 701-7421(~2)
팩 스	(02) 3273-9642
홈 페 이 지	www.kuhminsa.co.kr
신 고 번 호	제2012-000055호 (1980년 2월 4일)
I S B N	979-11-5813-225-5 [13500]
값	13,000원